工程机械理论及优化设计研究

汪胜莲　高赛红　著

中南大学出版社
www.csupress.com.cn

图书在版编目(CIP)数据

工程机械理论及优化设计研究／汪胜莲，高赛红著.
—长沙：中南大学出版社，2023.12
　　ISBN 978-7-5487-5626-2

　　Ⅰ. ①工… Ⅱ. ①汪… ②高… Ⅲ. ①工程机械—
机械设计—研究 Ⅳ. ①TU602

　　中国国家版本馆 CIP 数据核字(2023)第 222950 号

工程机械理论及优化设计研究
GONGCHENG JIXIE LILUN JI YOUHUA SHEJI YANJIU

汪胜莲　高赛红　著

□责任编辑	陈应征	
□责任印制	唐　曦	
□出版发行	中南大学出版社	
	社址：长沙市麓山南路	邮编：410083
	发行科电话：0731-88876770	传真：0731-88710482
□印　　装	石家庄汇展印刷有限公司	

□开　　本	710 mm×1000 mm 1/16	□印张 14	□字数 234 千字
□版　　次	2023 年 12 月第 1 版	□印次 2024 年 1 月第 1 次印刷
□书　　号	ISBN 978-7-5487-5626-2	
□定　　价	88.00 元	

前　言

随着国家经济建设的发展，工程机械在城市建设、交通运输、农田水利、能源开发和国防建设中发挥着十分重要的作用。机械化施工可以节省大量人力，降低劳动强度，完成人力难以承担的高强度工程施工，大幅度提高工作效率和经济效益，降低成本，并在一定程度上为工程建设速度、工程质量提供可靠的保证。在很多具有代表性的工程中，比如港珠澳大桥、青藏铁路等工程，工程机械扮演了非常重要的角色，已经是集机、电、液、远程控制及智能化于一体的现代化机电设备。跨海建筑、深井、高原长大隧道都需要具有特殊功能的大型工程机械装备，因此现代工程机械开发也变得十分重要。

首先，本书从工程机械的基本理论出发，在深度把握工程机械行驶理论、牵引性能的基础上，进一步阐述了常见的土石方工程机械、常见的桥梁工程机械和常见的隧道工程机械等内容，这为后面的阐述奠定了基础。其次，本书对工程机械设计的基础与常用机械机构的设计进行了详细的分析，包括现代机械设计的基础理论、平面连杆机构的设计、凸轮机构的设计、间歇运动机构的设计等。最后，本书对工程机械的总体设计、工程机械结构的优化设计、工程机械材料的优化设计进行了分析与讨论。本书以理论研究为基础，力求对工程机械的理论与设计进行全方位、立体化的综合分析，以期为工程机械的建设贡献微薄之力。本书具有较强的应用价值，可供从事相关工作的人员参考使用。工程机械理论和设计是开发各种工程机械的基础，设计人员应当系统地学习和掌握，并与现代设计理论、思想、方法和手段相结合，从中不断吸收新知识、积累设计经验，以提高设计能力和水平。

目　录

第1章 概述

1.1 工程机械概念和用途

1.1.1 工程机械的概念

工程机械是概括性概念，是对各种工程施工过程中所用到的机械设备的统称，它的应用涉及我国众多建设领域，如国防工程建设、交通运输建设、水利水电建设、能源工业建设以及城乡发展建设等，它是我国各部门都离不开的重要技术装备。从某种意义上讲，一个国家工程机械设计制造水平的高低以及生产机械设备质量的优劣，可以直观地体现该国国民经济建设水平以及军队现代化建设水平的高低。

工程机械主要被应用在施工和作业两个方面，施工和作业这两个词语虽然看起来、理解起来都极为相似，但是是两个完全不同的概念。施工指的是在各种工程建设中应用工程机械工作的过程，只要工程一结束，工程机械的任务也就结束了。比如，国家想要修建一条高速公路，必然会用到各种各样的工程机械，如平地机、压路机等，当高速公路修建完成后，除了用于公路维护和保养的相关工程机械继续留在施工现场工作，大多数工程机械由于任务结束会离开施工现场。在这种情况下，工程机械的工作叫作施工。作业指的是在工业生产过程中应用工程机械进行工作的过程，此时工程机械需要一直保持工作状态。比如，在开矿过程中，推土机需要不断将散落的矿石收集到一起，装载机需要不断将矿石转移到运输车上。在这种情况下，工程机械周而复始的工作叫作作业。

机械是我国生产和服务的五大要素之一，是当今社会进行材料生产和能量生产的重要基础。如今，各行各业以及各种工程建设都离不开机械，交通运输业需要飞机、轮船、车辆等机械设备来运输物品；食品工业需要各种食品加工机械设备来加工食品；纺织工业需要各种纺织机械设备；化学和冶金工业需要各种化工和冶金机械设备；林业、农业、采矿业等同样需要各种相关机械设备。

世界上许多工程都离不开机械设备，所以工程机械的发展是工程发展的重要支撑。比如，机车（火车头）这一机械设备的诞生推动了铁路工程的发展和繁荣；燃气轮机、火箭发动机以及飞机、航天器等机械设备的诞生推动了航空航天工程的发展和繁荣。

1.1.2　工程机械的用途

工程机械是一类专门用于完成土石方作业的机械，涵盖了推土机、装载机、挖掘机、铲运机、平地机、压路机以及具有多种工作装置的多用途工程车等主要机种。这些机械在土石方开挖、移动、装载、运输、平整及压实以及其他物料的装载和搬运方面发挥核心作用。其作业范围广泛，因此在建筑工程、水利工程、道路及机场码头建设、矿山开采、大型农田改造和国防工程等领域得到了广泛应用。工程机械的使用显著提高了工程进度和质量，能在限定的工期和工作条件下完成大量土石方工程，同时显著减少施工人员，提升劳动生产率。

对于施工强度要求高的大型项目，如大型水坝建设和抗洪抢险，依赖人力完成是不可想象的。而在高原、沙漠、严寒等人烟稀少的恶劣环境中，工程机械成为完成工程的关键。在国防工程领域，现代战争的快节奏和对战场准备及工程保障的短缺时间要求，以及技术兵器的广泛使用和战争破坏力的增强，使得对工程机械的依赖日益加剧。

随着科学技术的发展，工程机械的应用范围不断扩展。在人员难以到达或对人员构成危险的环境中，特种工程机械发挥重要作用。如在高温、低气压、易爆、水下等环境中，依赖有线、无线控制或自动程序操作的工程机械可以将操作人员置于安全环境，最大程度减少恶劣环境对操作人员的不良影响，这在经济发达国家已广泛应用。

1.2　工程机械行驶理论

1.2.1　轮式工程机械的行驶理论

轮式行走机构一般由四部分组成，分别是车轮、悬架、车桥、车架，具体作用如下。

（1）充当行走机构：将力作用于驱动轮发生的旋转运动转变成推动工程机械前进的运动。

（2）充当支撑结构：将垂直载荷传递给滚动表面。

（3）充当导向装置：在工程机械运动过程中根据需求实时改变工程机械的运动方向。

（4）充当弹性悬挂装置：在工程机械与地面间形成减振和缓冲，保证工程机械平稳运行。

轮式行走机构与履带式行走机构相比不仅行驶速度快、机动性高，还具有较轻的质量，方便移动，作业生产率也更高一些。

1. 轮式工程机械的行驶原理

轮式工程机械的行驶主要依靠发动机，发动机产生动力后将动力经传动装置作用于驱动轮，具体的行驶原理如图 1-1 所示。图中的 G 表示重力，R 表示地面对轮胎的作用力，M_K 为驱动力矩，它指的是作用在驱动轮的力矩，轮胎与地面相交于 A 点，由于驱动力矩的存在，轮胎对地面产生了主动力 M_K/r_d（r_d 为轮胎的动力半径），地面对轮胎产生了反作用力 P_K。力 P_K 同样作用于轮胎的 A 点，并在克服了坡道阻力、滚动阻力、作业阻力以及加速过程产生的惯性力之后，促使轮式工程机械向前行驶，成了牵引轮式工程机械运动的力，称为切线牵引力，该力的方向就是轮式工程机械的行驶方向。

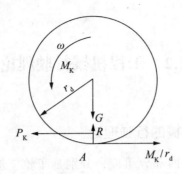

图 1-1 轮式工程机械的行驶原理图

2. 轮胎的运动学

想要了解轮胎的运动，首先要清楚轮胎的相关定义，尤其是半径。

在产品目录当中显示的轮胎直径的数值属于轮胎名义直径，它的一半就是轮胎名义半径，用 r 来表示；假设轮胎被充入气体后没有受到任何外在载荷，此时测出的轮胎平均半径称为轮胎自由半径，用 r_0 来表示；假设轮胎被充入气体后只受到径向载荷，轮胎必然会发生形变，且是径向形变，此时测量轮轴中心到轮胎与地面接触平面的距离得出的数值称为轮胎静力半径，用 r_s 来表示。

通常情况下，轮胎在充入气体后既会受到径向载荷，也会受到横向扭矩的作用，从而发生径向形变和切向形变，此时测量轮轴中心到轮胎与地面接触平面的距离得出的数值称为轮胎动力半径，用 r_d 来表示。一般情况下，r_d（轮胎动力半径）和 r_s（轮胎静力半径）的数值基本相同，r_d 可以根据公式（1-1）得出

$$r_d = r_s - \Delta b \tag{1-1}$$

式中：b——轮胎宽度；

Δ——系数，通常情况下，坚硬地面上的系数 $\Delta = 0.12 \sim 0.15$，松软地面上的系数 $\Delta = 0.08 \sim 0.10$。

当轮胎开始移动时，轮胎的转动圈数 n 与轮胎的移动距离 s 之间存在一定的对应关系，通过这个关系可以得出一个新的半径定义——轮胎滚动半径，用 r_g 来表示。轮胎滚动半径 r_g 可以根据公式（1-2）得出

$$r_g = \frac{s}{2\pi n} \tag{1-2}$$

由此可知，当轮胎开始移动时，会出现以下三种极具代表性的情况。

（1）当 $s > 2\pi r_d n$，即 $r_g > r_d$ 时，轮胎不仅发生了滚动，还发生了与行驶方向相同的滑动，此滑动过程称为滑移，所以此时轮胎的运动状态是边滚动边滑移，一般发生在制动行驶状态下。

（2）当 $s < 2\pi r_d n$，即 $r_g < r_d$ 时，轮胎既发生了滚动，也发生了与行驶方向相反的滑动，此滑动过程称为滑转，所以此时轮胎的运动状态是边滚动边滑转，一般发生在驱动轮牵引负荷行驶状态下。

（3）当 $s = 2\pi r_d n$，即 $r_g = r_d$ 时，轮胎只发生了滚动，没有发生滑动。

由此可知，轮胎滚动半径 r_g 的数值与轮胎移动过程中发生滑动的状态有关，是动态变化的。r_g 与地面状况、轮胎刚度、扭矩及径向载荷等因素都有关系，其数值大小可以由试验得出。

当轮胎只发生滚动没有发生滑动时，轮轴中心移动的速度称为理论速度，用 v_T 来表示，$v_T = r_d \omega$（ω 为轮胎的自转速度）；当轮胎既发生滚动也发生滑动（滑移或滑转）时，轮轴中心移动的速度称为实际速度，用 v 来表示，$v = r_g \omega$。因此，轮胎的运动状态可以根据 v（实际速度）与 v_T（理论速度）的大小关系来判断。当 $v_T = v$ 时，轮胎处于纯滚动状态；当 $v > v_T$ 时，轮胎处于边滚动边滑移状态；当 $v < v_T$ 时，轮胎处于边滚动边滑转状态。

轮胎在发生滑转时一定会出现速度损失，即轮胎理论速度 v_T 与实际速度 v 的差值，用 v_δ 来表示，$v_\delta = v_T - v$。

轮胎的滑转程度可以用轮胎滑转率 δ 来表示，滑转率 δ 和滑转效率 η_δ 也可以作为评价轮胎滑转情况的具体指标。

滑转率 δ 可通过公式（1-3）得出

$$\delta = \frac{v_T - v}{v_T} \times 100\% \qquad (1-3)$$

滑转效率 η_δ 可通过公式（1-4）得出

$$\eta_\delta = \frac{v}{v_T} = 1 - \delta \qquad (1-4)$$

式中：v_T——轮胎的理论速度，$v_T = 2\pi r_d n$；

v——轮胎的实际速度，$v = 2\pi r_g n$。

3.轮胎的动力学

轮胎具体的受力情况如图 1-2 所示,图 1-2(a)表示的是驱动轮受到驱动转矩的作用沿直线行驶的受力情况,图 1-2(b)表示的是从动轮在驱动轮带动下沿直线行驶的受力情况。

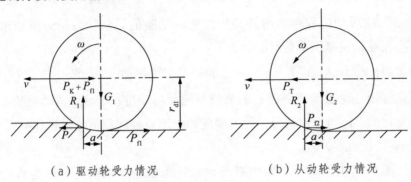

(a)驱动轮受力情况   (b)从动轮受力情况

图 1-2 轮胎受力情况

(1)驱动轮对轮心的力矩平衡方程式。

$$M_K - P \cdot r_d - R_1 a = 0 \tag{1-5}$$

将公式(1-5)除以 r_d 得

$$\frac{M_K}{r_d} - P - R_1 \frac{a}{r_d} = 0 \tag{1-6}$$

M_K / r_d 是驱动转矩对驱动轮产生的圆周力,其数值与切线牵引力 P_K 是相等的,因此,切线牵引力 P_K 与牵引力 P 以及滚动阻力 P_{f1}(a / r_d)之间的关系表示如下:

$$P_K - P - P_{f1} = 0 \tag{1-7}$$

由公式(1-7)可知牵引力 P 只是切线牵引力 P_K 的一部分,数值等于 P_K 与 P_{f1} 的差值,所以牵引力 P 可以理解为驱动轮在驱动转矩作用下克服自身滚动阻力后形成的与地面平行的推动驱动轮向前行驶的作用力。

从力的性质上讲,切线牵引力 P_K 属于一种附着性质的力,是基于牵引元件作用在地面和轮胎交点形成的与地面平行的推动驱动轮向前行驶的总推力,它在克服了工程机械行驶和作业过程中形成的坡道阻力、滚动阻力、作业阻力以及在加速过程中产生的风阻力和惯性力后,推动工程机械行驶、作业。

在轮胎开始出现滑转到完全滑转的过程中，牵引力 P 与机械作业阻力之间的关系是正相关的；当轮胎处于完全滑转状态时，牵引力 P 达到最大值，这个数值与轮胎的结构以及地面的物理性质直接相关。

处于完全滑转状态下的 P 的最大值称为最大牵引力，也可称为附着力，其可以通过公式（1-8）得出

$$P = \varphi \cdot G_\varphi \qquad (1-8)$$

式中： φ ——附着系数；

G_φ ——附着重力。

轮胎发生滑转不仅会消耗发动机的功率，大大降低机械的工作效率，还能使轮胎产生更大的磨损。

（2）从动轮对轮心的力矩平衡方程式。从动轮是在驱动轮前进运动中被机架带动运动的，其轮轴上受到的推力 P_T 和地面对车轮产生的滚动阻力 P_{f2} 相等， P_{f2} 与垂直反力 R_2 对轮心所形成的力矩相平衡。

$$P_{f2} \cdot r_d = R_2 \cdot a \qquad (1-9)$$

$$P_{f2} = \frac{R_2 a}{r_d} = G_2 f_2 \qquad (1-10)$$

$$f_2 = \frac{P_{f2}}{G_2} \qquad (1-11)$$

由此可见，滚动阻力系数指的是轮胎在一定条件下发生滚动时需要的推力和轮胎负荷之间的比值，即单位重力所需要的推力，所以与推力对应的滚动阻力的数值就等于滚动阻力系数与轮胎负荷之乘积。

通常情况下，滚动阻力 P_f 等于驱动轮滚动阻力 P_{f1} 与从动轮滚动阻力 P_{f2} 的和，如下式所示：

$$P_f = P_{f1} + P_{f2} = f \cdot G \qquad (1-12)$$

滚动阻力系数可以由试验算出，其与轮胎的材料、结构、气压以及行驶速度、路面类型等因素有关。现将工程机械在不同路面上行驶时滚动阻力系数 f 的大致数值总结为表 1-1。

表1-1 滚动阻力系数 f 的大致数值

路面类型	滚动阻力系数 f	路面类型	滚动阻力系数 f
良好的沥青或混凝土路面	$0.010 \sim 0.018$	压实土路（雨后的）	$0.050 \sim 0.150$
一般的沥青或混凝土路面	$0.018 \sim 0.020$	干砂	$0.100 \sim 0.300$
碎石路面	$0.020 \sim 0.025$	湿砂	$0.060 \sim 0.150$
良好的卵石路面	$0.025 \sim 0.030$	结冰路面	$0.015 \sim 0.030$
坑洼路面	$0.035 \sim 0.050$	泥泞路面	$0.100 \sim 0.250$
压实土路（干燥的）	$0.025 \sim 0.035$	压实雪道	$0.030 \sim 0.050$

由上可知，工程机械的有效牵引力 P_{KP} 就等于驱动扭矩作用于驱动轮产生的切线牵引力克服了自身滚动阻力以及从动轮滚动阻力之后形成的与地面平行、与机械行驶方向相同的作用力，可根据公式（1-13）得出

$$P_{KP} = P_K - P_{f1} - P_{f2} = P_K - P_f \tag{1-13}$$

1.2.2 履带式工程机械行驶理论

履带式工程机械与轮式工程机械相比既有优点也有缺点。在坚硬地面上行驶时，轮式工程机械无论是行驶速度还是灵活性都更胜一筹；在松软地面上行驶时，轮式工程机械会因接地压力和滚动阻力过大行驶艰难，而履带式工程机械因牵引力足够大能够平稳前行。试验结果显示，在相同功率的情况下履带式行走装置与轮式行走装置相比能产生较大的牵引力。

1. 履带式工程机械的行走机构组成

（1）悬架。悬架在履带式工程机械中至关重要，它是连接机体和行走装置（履带等）最关键的结构部件，是保证工程机械平稳行驶的关键部件，既负责将机体的重传递给行走装置，又充当机体和地面之间的缓冲工具。

如今的工程机械主要使用以下几类悬架。

①刚性悬架。这种悬架一般安装在速度比较慢的装载机、挖沟机、吊管机

以及挖掘机上，其显著的特性是机体和行走装置之间没有使用任何减振器和弹性元件，属于刚性连接，因此自然无法在行驶过程中发挥缓冲作用，无法缓和机体受到的振动和冲击。

②半刚性悬架。这种悬架一般安装在履带式推土机上，其特点是机体前端使用弹性元件与行走装置连接，而机体后端使用铰链与行走装置实现刚性连接。这就使得机体部分重力可以通过弹性元件传递给支重轮，发挥半刚性悬架的缓冲作用，缓和部分振动和冲击。车架可以围绕铰链的接点与机体发生相对运动，即使履带式工程机械行驶在不太平坦的地面上也能受到更均匀的接地压力以及良好的附着力。

③弹性悬架。目前这种悬架只应用在高速履带车辆和小型履带车辆中，其特点是不使用整体的台车架，而是使用分散的独立台车或平衡台车，车台上单独安装支重轮，引导轮、托链轮等部件则直接固定在机架上。此时机体的所有重力以及托链轮、引导轮、驱动轮等行走装置部件的重力都通过链接的弹性元件传递给支重轮，弹性悬架发挥的缓冲作用比半刚性悬架更强，能更好地适应地面不平的情况。其缺点是承载力偏低，结构稍显复杂。

（2）履带行走装置。

①履带总成。履带总成包括履带板、履带销、链轨节以及各个连接螺栓组件。通常情况下，在设计之初就已经确定了履带的接地长度、履带板的宽度以及履带的轨距。履带作为行走装置的重要组成部分，不仅需要过砂浆、水泥，还一直承受着巨大拉力，所以履带很容易出现磨损。

②驱动链轮。驱动链轮与履带总成直接相连，两者之间的啮合关系决定了履带滚动的稳定性。驱动链轮的直径尺寸除了要便于降低机体的重心，增加履带的接地长度，还要考虑机体到地面的距离。通常情况下，履带式工程机械的驱动链轮都被安装在机体的后方。

③支重轮。支重轮不仅承受着整个机体的重力并将其传递到地面，还要随着履带滚动，同时要防止履带横向脱轨。所以支重轮表面既要具备超强的耐磨性和强度，还要具有可靠的密封性，避免在经过水泥砂浆时出现损坏。

④托链轮。托链轮的主要作用是拖住履带，避免履带下垂量过多，同时减少履带跳动和横向脱轨的情况。它一般会被安装在履带的上方，安装位置还应便于履带与驱动链轮分离。

⑤引导轮和履带张紧装置。引导轮和履带张紧装置的主要作用是引导履带，调节履带的松紧程度，保证履带张紧有度且便于调整（有一定的调整范围），同时能起到一定的缓冲作用。

2.履带式工程机械的行驶原理

履带式行走机构与轮式行走机构相比更为复杂，它是由台车架、驱动轮、链轨、支重轮、引导轮等元件组成的。其中，驱动轮和链轨之间的啮合关系使整个履带能够进行完整的链条传动。因此，只要驱动轮和链轨能够进行啮合传动，不管轮胎承受多么大的负荷，都不会出现打滑现象，换言之，只要驱动轮能够发生回转，在任何情况下，链轨都能绕着驱动轮和引导轮发生绕转。履带式工程机械能够平稳前进的原因是驱动轮借助履带将驱动力传递给地面，地面对履带产生反作用力，反作用力又经履带作用于驱动轮，驱动轮又将此力作用在整个车体上，使得整个车体向前移动。

简单来讲，履带式工程机械的行驶依靠履带绕轮运动时地面对履带接地段产生的反作用力。履带式工程机械行驶的具体原理如图1-3所示，为了便于说明原理，将履带分成几个区段，1→3段为驱动段，4→5段为上方区段，6→8段为前方区段，8→1段为接地段（支承段）。履带与地面发生接触的是许多块履带板，每块履带板都会受到地面的反作用力，履带接地段产生的反作用力是所有履带板所受反作用力的合力。

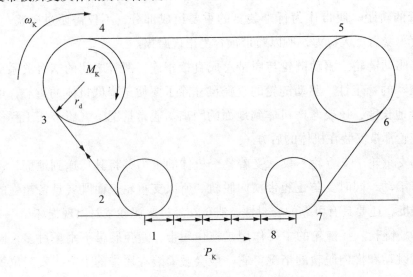

图1-3　履带式工程机械行驶原理图

由图 1-3 可知，假设履带式工程机械在行驶过程中发动机作用于驱动轮上的驱动力矩为 M_K，驱动链轮的角速度为 ω_K，由于驱动力矩的作用，驱动段会产生特殊的牵引力 P_K，其数值大小与驱动力矩 M_K 和驱动轮动力半径 r_d 之比相等。P_K 对于履带内部的所有部件来讲属于内力，此力的作用是将支重轮下方与地面接触的履带拉出来，从而使地面对履带接地段产生水平的反作用力。由于履带接地段是由多块履带板组成的，每块履带板都会受到反作用力，其合力就是履带式工程机械向前运动的驱动力，用 P_K 表示，其方向与履带式工程机械的行驶方向相同。

履带与地面之间存在的附着力主要有两种：一种是履带和地面相对运动产生的摩擦力；另一种是履带对地面造成的剪切阻力。

3. 履带行驶结构运动学

履带行走机构的主要组成部分是链轮和链轨，且各个链轮和链轨之间的节距都偏大，两者在运动时一般都维持低速运转，所以履带行走机构的行驶运动具有低速链传动的特性；履带行走机构在行驶过程中，虽然驱动链轮的转速的固定的，但履带中各链的运动速度却不尽相同，节距越大的链速度越高，产生的振动和冲击也越严重，假设履带行走机构在行驶过程中，驱动轮与履带之间没有发生滑动时，履带卷绕运动的平均速度 v_p 可以通过驱动轮每转一圈所卷绕（转过）的链轨节的总长得出，当履带在行驶过程中与地面也没有发生滑动，履带式机械的平均行驶速度 v_p 应该与理论行驶速度 v_T 相等，即

$$v_p = \frac{z l_0 \omega_K}{2\pi} = \frac{z l_0 n}{60} = v_T \tag{1-14}$$

式中：l_0——链轨节销孔的中心距离，mm；

　　　z——驱动链轮的啮合齿数；

　　　ω_K——驱动链轮角速度，rad/s；

　　　n——驱动链轮的转速，r/min。

履带滑转的程度可以用滑转率 δ 来表示（类比轮式机械），滑转率 δ 为

$$\delta = \frac{v_T - v}{v_T} \times 100\% \tag{1-15}$$

履带式机械在空载行驶时，加入履带与地面没有发生滑转，此时履带式机械的行驶速度与链轮与链轨传动时节圆的圆周速度是相等的，换言之，此时履

带式机械的理论速度与履带绕转平均速度的数值是相等的，即

$$v_T = r_d \omega_K \qquad (1\text{-}16)$$

式中：r_d——链轮节圆半径（驱动轮动力半径），m。

履带式机械在执行牵引作业时，即使作业阻力小于履带和地面形成的最大附着力，履带也会因自身对压地面的挤压或剪切使其产生一定形变，进而发生水平滑转，所以，履带式机械的实际速度 v 应比理论速度 v_T 要小，即

$$v = v_T - v_\delta \qquad (1\text{-}17)$$

式中：v_δ——履带相对地面的滑转速度。

代表履带相对地面滑转程度的滑转率 δ 也代表了履带式机械的行程和速度因履带滑转造成的损失情况。即

$$\delta = \frac{v_\delta}{v_T} = \frac{v_T - v}{v_T} = 1 - \eta_\delta \qquad (1\text{-}18)$$

式中：η_δ——履带的滑转效率，$\eta_\delta = \dfrac{\text{实际行进距离}}{\text{理论行进距离}} \times 100\%$。

履带式机械在空载行驶时滑转效率极小，所以其理论速度可以用空载行驶速度代替，即

$$\delta = \frac{v_0 - v}{v_0} = 1 - \eta_\delta \qquad (1\text{-}19)$$

式中：η_δ——履带的滑转效率。

在实际测试履带车辆的滑转率的过程中应用这一公式比较方便。

1.3   工程机械牵引性能

1.3.1   工程机械的牵引平衡

1.牵引力的确定

由上述内容可知，工程机械的驱动力其实就是地面对行走机构产生的切线牵引力，是由发动机作用于驱动轮上的驱动转矩以及行走机构和地面之间存在

的附着力计算得出的。

　　大部分工程机械的发动机并不会将产生的所有功率都用于变速箱，需要留出一部分用于驱动机械的辅助装置，甚至还需要留出一大半功率用于驱动工作装置。所以在计算自由转矩 M_{ea} 时，必须将这部分转矩从发动机的转矩中扣除：

$$M_{ea} = M_e - M_F - M_{out} \tag{1-20}$$

式中：M_e——发动机或发动机和变矩器复合动力装置的输出转矩；

　　　　M_F——辅助装置消耗的转矩，按辅助装置的实际工作情况计算；

　　　　M_{out}——工作装置消耗的转矩，按工作装置驱动油泵的工作状态计算。

　　工程机械在等速稳定运转条件下，传至驱动轮上的驱动转矩 M_K 表示如下：

$$M_K = M_{ea} i_m \eta_m \tag{1-21}$$

式中：i_m——传动系总传动比（发动机或发动机和变矩器复合动力装置至驱动轮的传动比）；

　　　　η_m——传动系总效率（发动机或发动机和变矩器复合动力装置至驱动轮的传动效率）。

　　在驱动转矩 M_K 的作用下，行走机构切线牵引力 P_K 表示如下。

　　（1）轮式工程机械：

$$P_K = \frac{M_K}{r_d} = \frac{M_{ea} i_m \eta_m}{r_d} \tag{1-22}$$

式中：r_d——驱动轮动力半径。

　　（2）履带式工程机械：

$$P_K = \frac{M_K \eta_q}{r_d} = \frac{M_{ea} i_m \eta_m \eta_q}{r_d} \tag{1-23}$$

式中：η_q——履带驱动轮效率，η_q 为 0.96 ～ 0.97。

　　2. 牵引力的平衡

　　工程机械在工作过程中，无论是处于牵引工况还是运输工况，无论是能稳定运行还是不能稳定运行，都会遇到阻碍其向前运动的外部阻力。如果想要使工程机械稳步向前移动，就必须产生与工作阻力相等的驱动力，也就是圆周牵引力。

　　当工程机械处于不稳定运行状态时，可将工程机械的惯性力视为外部阻力，工程机械的受力平衡可按静力考虑。

工程机械在牵引工况下工作时，牵引力平衡方程为

$$P_K = P_{WK} + P_f + P_\alpha + P_J \tag{1-24}$$

式中：P_K——发动机提供给驱动轮的牵引力；

P_{WK}——工作阻力；

P_f——滚动阻力；

P_α——坡道阻力，上坡取正值，下坡取负值；

P_J——惯性阻力，加速取正值，减速取负值。

工程机械在运输工况下工作时，工作阻力为 0，但由于其行驶速度比较快，必须考虑空气阻力。牵引力平衡方程为

$$P_K = P_f + P_\alpha + P_J + P_W \tag{1-25}$$

式中：P_W——空气阻力。

3. 牵引功率的平衡

牵引力的平衡并不能直观地反映行走机构因滑转而损失的能量，如果想要全方位地反映能量的具体消耗情况，评价发动机的负荷程度，就需要列出牵引功率的平衡方程。

工程机械在牵引工况下工作时，对于驱动轮可建立下述牵引功率的平衡方程：

$$N_K = N_P + N_f + N_\alpha + N_\delta - N_J \tag{1-26}$$

式中：N_K——传递给驱动轮轴的功率；

N_P——克服有效工作阻力消耗的功率；

N_f——克服滚动阻力消耗的功率；

N_α——克服坡道阻力消耗的功率；

N_δ——行走机构滑转损失的功率；

N_J——克服惯性阻力消耗的功率。

若将传动系和履带驱动段的功率损失以 N_{mt} 表示，或将轮式工程机械的传动系的功率损失以 N_m 表示可列出以下方程。

对于整机而言，牵引工况下的牵引功率平衡方程采用轮式工程机械行走机构时，可得：

$$N_e = N_F + N_{out} + N_m + N_\delta + N_f + N_\alpha + N_J + N_P \qquad (1-27)$$

采用履带式行走机构时，公式（1-27）中的 N_m 应替换为 N_{mt}。

当工程机械沿水平路面匀速运行时，牵引功率的平衡方程可简化为

$$N_e = N_F + N_{out} + N_m + N_f + N_\delta + N_P \qquad (1-28)$$

工程机械在运输工况下工作时，牵引功率的平衡方程为

$$N_K = N_f + N_\alpha + N_J + N_\delta + N_W \qquad (1-29)$$

式中：N_W——克服空气阻力消耗的功率。

4. 牵引效率

工程机械有效作业的牵引效率 η_{KP} 为

$$\eta_{KP} = \frac{N_P}{N_K} = \eta_{FO}\eta_m\eta_f\eta_\delta \qquad (1-30)$$

式中：η_{FO}——扣除辅助装置及其他输出轴消耗的功率后，应用于驱动行驶的

效率；

　　　η_m——传动系统的总功率（履带式行走机构应为 η_{mt}，即传动系履带驱

动段的效率）；

　　　η_f——克服滚动阻力功率损失的效率；

　　　η_δ——因滑转而造成功率损失的效率。

1.3.2　牵引特性

牵引特性反映了工程机械牵引性能以及燃料经济性的基本特性，一般用牵引特性曲线来表示，该曲线反映的是工程机械在一定的地面条件下，以全油门在水平路面上匀速运动时，不同挡位的各个牵引参数与有效牵引力 P_{KP} 之间存在的函数关系，常见的牵引参数包括有效牵引功率 N_{KP}、牵引效率 η_{KP}、发动机功率 N_e（或转速 n_e）、实际速度 v、滑转率 δ、比油耗 g_e，以及小时燃油消耗量 G_P 等。

牵引特性主要分为两种。一种是理论牵引特性，即应用工程机械自身的基本参数按照相应的牵引计算绘制而成的牵引特性曲线。某些牵引计算公式需要遵循一定的假设条件，所以根据牵引计算绘制而成的曲线一定与实际情况存在差异。另一种是试验牵引特性，即根据满足相应条件的牵引试验得出的牵引特

性，这种试验与实际情况更为接近，能够比较真实地展现工程机械实际的牵引性能和燃料经济性。本部分主要介绍理论牵引特性。

工程机械的牵引特性全面地反映了其不同挡位的牵引性能和燃料经济性，一般会将其在最低挡的某些特征工况下各牵引参数的具体数值作为表征机器的牵引性能和燃料经济性的基本指标。这些特征工况具体如下：（1）最大有效牵引功率 $N_{P\max}$ 工况；（2）最大牵引效率 $\eta_{P\max}$ 工况；（3）发动机额定功率 N_{eH} 工况；（4）额定滑转率 δ_H 工况；（5）由发动机转矩决定的最大牵引力 $P_{me\max}$ 工况；（6）由附着条件决定的最大牵引力 P_{φ} 工况。

研究牵引特性的意义重大。其一，牵引特性可以应用在机械设计过程中，可以用直观的参数显示机械发动机、行走机构、传动系以及各种工作装置之间搭配的合理程度。其二，牵引特性可以用于比较不同设计方案的动力性能和经济性能，同时给出相对精准的评价，以便从中确定最佳方案。其三，牵引特性不仅可以将机器的速度性能、牵引性能以及燃料经济性等性能全面量化，还能比较现有机器和设计方案机器的优劣。其四，牵引特性能保证机器使用时的合理性，充分发挥机器的生产率，同时将施工过程中的各种机械以最有效、合理的方式组织起来，最大化发挥其性能。

1.3.3 理论牵引特性

理论牵引特性通常是机器采用有级变速装置在地面上行驶时根据牵引计算得出的，但如果机器采用自动无级变速装置在地面上匀速行驶，且能根据牵引力的变化自动调整运行速度，保证发动机一直恒定以最大功率工作，此时通过牵引计算得出的牵引特性可称为机器的理想牵引特性。

1.原始资料

想要更好地绘制牵引特性曲线，需要熟练掌握以下原始资料的内容。

（1）发动机调速外特性，应包括 $n_e = f_e(M_e)$、$N_e = f_N(M_e)$、$G_e = f_G(M_e)$。

（2）传动系各挡位的总传动比 i_m 及相应的总传动效率 η_m。

（3）机器的使用重力 G 和附着重力 G_{φ}，或已知土对驱动轮的法向反力 R 和对所有车轮的法向反力。

机器的使用重力 G 包含燃料、润滑油、冷却水等各种液体重力（通常情况下，机器应保留总容量 2/3 以上的燃料、规定容量的润滑油、冷却水以及工作油等），以及驾驶员的重力（假定为 $600 \sim 650\,\mathrm{N}$）和机器上各种工具的重力。

（4）行走机构的结构与参数，如轮式行走机构的轮胎规格、型号、动力半径、胎内气压、布置方式或者履带式行走机构的驱动轮的动力半径等。

（5）机器行走的路面条件，如路面类型、含水量、所处状态等。如果机器属于铲土运输类机械，最好使用自然密实的黏性新切土。

2. 使用图解分析法绘制牵引特性曲线的步骤

（1）绘制发动机调速外特性的力矩曲线，按公式 $M_{ea} = M_e - M_F - M_{out}$ 绘制扣除辅助装置和功率输出轴消耗后的发动机力矩曲线 $M_{ea} = f_M(n_e)$，如图 1-4 所示。

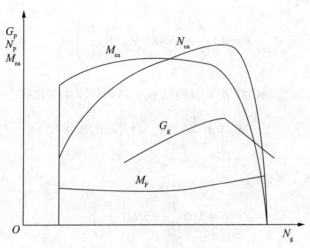

图 1-4　发动机调速外特性

当功率输出轴有功率分流时，通过下列公式绘制扣除辅助装置和功率输出轴消耗之后的发动机有效功率曲线 $N_{ea} = f_N(n_e)$ 和小时燃油消耗量曲线 $G_p = f_G(n_e)$。

$$N_{ea} = N_e - N_F - N_{out} \tag{1-31}$$

$$G_{ea} = G_e \frac{N_{ea}}{N_e} \tag{1-32}$$

然后将曲线 $M_{ea} = f_N(n_e)$、$N_{ea} = f_N(n_e)$、$G_{ea} = f_N(n_e)$ 转换为以 M_{ea} 为自变量的相应曲线。

以下步骤将考虑到功率输出轴无功率输出的情况，当有功率输出时，其绘制方法并无原则上的差别。

（2）按公式 $P_{\mathrm{f}} = fG$（对于履带式工程机械），或 $P_{\mathrm{f}} = f\left[\sum R + (\beta-1)R\right]$（对于轮式工程机械），计算滚动阻力 P_{f}。自坐标原点 O 向左量取相当于 P_{f} 的线段 OO_1。以 O_1 为圆周牵引力 $P_{\mathrm{K}} = f_{\mathrm{P}}(M_{\mathrm{ea}})$ 直线上的一点，画直线 O_1C，可得

$$P_{\mathrm{K}} = \frac{M_{\mathrm{ea}}i_{\mathrm{m}}\eta_{\mathrm{m}}}{r_{\mathrm{d}}} \tag{1-33}$$

（3）在第一象限内绘制滑转率曲线 $\delta = f_{\delta}(P)$。对于轮式工程机械（胎内气压为 0.2~0.3 MPa）：

$$\delta = 0.1\frac{P}{G_{\varphi}} + (5.48 \sim 9.25)\left(\frac{P}{G_{\varphi}}\right)^{8} \tag{1-34}$$

或按下列公式绘制曲线 $\delta = f_{\delta}(P)$（在土壤条件发生变化时）：

$$\delta = \left[A\left(\frac{P}{R}\right) + B\left(\frac{P}{R}\right)^{n}\right] \times 100\% \tag{1-35}$$

对于履带式工程机械：

$$\delta = 0.05\frac{P}{G_{\varphi}} + 3.92\left(\frac{P}{G_{\varphi}}\right)^{14.1}$$

（4）在第一象限内绘制曲线 $v = f_{\mathrm{v}}(P) = 0.377\frac{n_{\mathrm{e}}r_{\mathrm{d}}}{i_{\mathrm{m}}}(1-\delta)$。以 P 为自变量，给定某一 P_i 值，可由曲线 $\delta = f_{\delta}(P)$ 确定对应的 δ_i。还可以由 P_i 通过 $P_{\mathrm{K}} = f_{\mathrm{P}}(P)$、$P_{\mathrm{K}} = f_{\mathrm{P}}(M_{\mathrm{ea}})$ 确定对应的 P_{Ki}、$M_{\mathrm{ea}i}$，再通过 $n_{\mathrm{e}} = f_{\mathrm{n}}(M_{\mathrm{ea}})$ 确定对应的 n_{ei}。由 δ_i、n_{ei} 可求出 v_i，$(P_i，v_i)$ 为曲线 $v = f_{\mathrm{v}}(P)$ 上的一点。用同样的方法获得足够多的点，即可作出曲线 $v = f_{\mathrm{v}}(P)$。

（5）在第一象限内作曲线 $G_{\mathrm{P}} = f_{\mathrm{G}}(P)$。由给定的 P_i 可按顺序确定 P_{Ki}、$M_{\mathrm{ea}i}$、$G_{\mathrm{ea}i}$，由于 $G_{\mathrm{p}i} = G_{\mathrm{ea}i}$，则 $(P_i，G_{\mathrm{P}i})$ 为曲线 $G_{\mathrm{P}} = f_{\mathrm{G}}(P)$ 上的一点。采用同样的方法获得足够多的点，即可作出曲线 $G_{\mathrm{P}} = f_{\mathrm{G}}(P)$。

（6）根据曲线 $v = f_{\mathrm{v}}(P)$ 作曲线 $N_{\mathrm{P}} = f_{\mathrm{N}}(P)$。在曲线 $v = f_{\mathrm{v}}(P)$ 上任取一点

(P_i,v_i)，然后将 P_i、v_i 代入公式 $N_P=\dfrac{Pv}{3\,600}$ 中，即可求出相应的 N_{Pi}。然后，依据曲线 $v=f_v(P)$，对公式 $N_P=\dfrac{Pv}{3\,600}$ 进行计算，作出曲线 $N_P=f_N(P)$。

（7）作辅助曲线 $N_{ea}=f_N(P)$。由给定的 P_i 可按顺序确定相应的 P_{Ki}、M_{eai}、N_{eai}，则 $(P_i,\ N_{eai})$ 为曲线 $N_{ea}=f_N(P)$ 上的一点。由此可作出曲线 $N_{ea}=f_N(P)$。

（8）根据已得到的曲线 $N_P=f_N(P)$ 和 $N_{ea}=f_N(P)$，应用公式 $\eta_P=\dfrac{N_P}{N_e}$ 计算，可作出曲线 $\eta_P=f_\eta(P)$。

（9）根据曲线 $N_P=f_N(P)$ 和 $G_P=f_G(P)$，应用公式 $g_P=1\,000\dfrac{G_P}{N_P}$ 进行一系列计算，可作出曲线 $g_P=f_g(P)$。

使用图解分析法绘制牵引特性曲线的过程中必须保证不同参数处于同一坐标比例尺中，具体如图 1-5 所示。

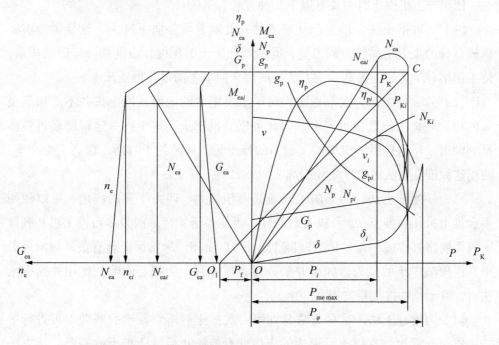

图 1-5　使用图解分析法绘制的牵引特性曲线

1.4 常见的土石方工程机械

1.4.1 土石方施工机械

土石方工程属于常见的土木工程，包括对土和石头的挖掘、运输、回填以及压实等，常用的土石方施工机械有以下几种。

1. 推土机

推土机是土石方工程中常用的工程机械之一，它不仅操作简单、行驶速度快，还不需要太大的工作面积，更重要的是它方便运输和转移。在工程施工过程中，推土机既能独立工作，也能将铲刀卸下充当其他无动力土方机械的牵引机，与其搭配使用的有羊足碾、松土机、拖式铲运机等。30～60 m 是使用推土机时较合适的经济运距，最大不能超过 100 m。

使用推土机推土时主要有以下几种方法。

（1）下坡推土法。推土机从坡道的高处顺着坡势向下推土，这样做能借助机械自身的重力增加铲刀的力量，既能增加铲土的深度，也能提高运输的质量，使生产率有了大幅度提高，该方法一般用于回填管沟以及推土丘。

（2）分批集中，一次推送法。对于土质偏硬的地面，推土机并不能切到很深的位置，铲土的数量也不多，因此可以分批铲土，集中到一定程度后再整体推到卸土区。这样做不仅增加了铲刀的推土量，还节约了时间，提高了生产率。使用这种推土方法时生产率能提高 12%～18%。

（3）并列推土法。如果施工现场是面积偏大、四方平整的场地，可以使用多台推土机并列推土，2 台或 3 台最佳，不能多于 4 台。因为多台推土机并列推土时需要将其排成一排，铲刀间隔 150～300 mm，尽量保证只有最外侧向外撒土，以便减少土的散失；如果并列数量超过 4 台，会相互影响。使用并列推土法时，推土机的推土量能提高 20%。

（4）沟槽推土法。这种方法是在第一次推土后所留原槽的基础上再进行第二次推土，而第一次推土后形成的土埂能有效防止后续所推土的散落，该方法不仅能增加推土机的运土量，还能提高推土机的使用效率。

（5）斜角推土法。在安装推土机铲刀时将其斜装在支架上，保证其与推土机横轴形成夹角，然后进行推土。这种方法一般用于管沟回填且无倒车余地时。

2. 铲运机

铲运机是一种可以用于挖土、运土、卸土、压实、填筑等工作的工程机械，不仅可以在多种路面上开展工作，而且操作简单、运转灵活，行驶速度也较快，生产效率极高。通常用于坡度小于 20° 的大面积的相对平整的土方工程，如挖基坑、开沟槽、填路基等。如果工程的对象属一类土、二类土和三类土，铲运机可以直接进行挖土和运土，较佳运距为 600 ～ 1500 m，而运距为 200 ～ 350 m 可以获得最大工作效率。

（1）铲运机的开行路线。铲运机的开行路线和自身的工作环境有直接关系，结合实际的工作环境选择恰当的路线能大大提高生产率。常用的开行路线有以下几种。

①环形路线。对于地段偏短、地形略显平整的挖、填工程，环形路线最佳，如图 1-6（a）和图 1-6（b）所示。如果工程既要挖土又要填土，且两者之间相距不远，大环形路线最佳，如图 1-6（c）所示，这样做能保证铲运机在一个循环中多次完成挖土和填土工作，不仅减少了铲运机的往返次数，还提高了工作效率。

② 8 字形路线。对于地段偏长、地形起伏较大且挖、填工作相邻的工程，最适合采用 8 字形路线，如图 1-6（d）所示。这样做能保证铲运机在一个循环中完成两次挖、填工作，且挖土后只需转弯一次就能卸土，运行时间比环形路线短，生产率更高。更重要的是，铲运机在一个工作循环中分别从两个方向转弯，可以避免机械单面磨损。

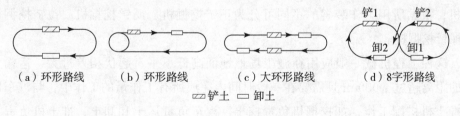

（a）环形路线　　　（b）环形路线　　　　（c）大环形路线　　　　（d）8 字形路线

▱ 铲土　▫ 卸土

图 1-6　铲土机开行路线

（2）铲运机的铲土方法。要想提高铲运机的生产率，可以选择为其制定更恰当的开行路线，也可以结合具体施工环境选用以下更恰当的铲土方法。

①下坡铲土法。一般多采用下坡铲土法，这样做不仅能增大切土力量，使铲斗切入得更深，还能节约装土时间，提高生产率。通常情况下，地面的坡角为5°～7°时可采用此方法，如果坡角条件不符合，则可以自己创造合适的地形。

②跨铲法。在铲土过程中可以选择保留土埂、间隔铲土，这样做不但能减少铲运机挖掘两边土槽时的撒土量，而且由于土埂的存在，相当于多了两个自由面，铲土更容易。这里需要注意的是，土埂的高度应小于或等于300 mm，宽度应小于或等于拖拉机两履带间的净距。

③助铲法。对于土质偏硬且地势相对平坦的地面，铲运机和推土机合作运行可以大大节约铲土时间。这种方法需要双机紧密配合，一般1台推土机可以搭配3台或4台铲运机工作，当然推土机在空余时间也可进行其他工作，如平整土地、松土等，以保证铲运机有最合适的工作条件。

当铲运机工作到接近设计标高时，为了保证标高的准确性，需先利用水平仪在整个区域间隔10 m左右的位置挖出一条标准槽，然后以此为基准，保证整个区域都符合设计要求。

当施工区域需要极高平整度时，铲运机也可进行抄平的工作。具体步骤如下：铲运机先将斗门放低，然后高速往返数次，注意每次铲土和铺土的厚度都要维持在50 mm左右。假如施工土的含水量处于有效范围内，铲运机只需往返铲、铺2次或3次，就能使表面平整的高差达到50 mm左右。

3. 单斗挖掘机

单斗挖掘机是在基坑（槽）土方开挖工程中常用的工程机械之一，其类型五花八门，根据安装行走装置的不同可分为轮胎式单斗挖掘机和履带式单斗挖掘机；根据所用传动装置的不同可分为机械传动单斗挖掘机和液压传动单斗挖掘机；根据所用工作装置的不同可分为正铲挖掘机、反铲挖掘机、拉铲挖掘机和抓铲挖掘机。

这种工程机械一般应用在施工场地地面高低不平、起伏相差过大、运输土方的距离超过1 000 m且需要在一段时间内完成所有工作量的工作中，与汽车以及推土机搭配工作，如挖掘机负责挖土、汽车负责运土和卸土、推土机负责将土推平整。

（1）正铲挖掘机。正铲挖掘机的显著特点是铲斗朝外，工作时前进向上切土。其挖掘力极强、生产率极高，只要是停机面以下，一至四类土就都可以挖掘。另外，在挖掘大型基坑时需先设立下坡道，工作地区最好没有地下水，且土质较好。

挖掘机与运土汽车在工作中需要相互配合，挖掘机挖土和卸土的方式与两者的相对位置有关，它主要有两种：一种是汽车位于挖掘机侧面的正向挖土、侧向卸土；另一种是汽车位于挖掘机后方的正向挖土、后方卸土。

（2）反铲挖掘机。反铲挖掘机的显著特点是铲斗朝内，工作时后退向下切土。其挖掘力比正铲挖掘机稍弱，可以挖掘停机面以下的三类沙土或黏土，适用于挖掘深度小于 4 m 的基坑、含有地下水但挖掘位置偏高的基坑等。反铲挖掘机的开挖方式也有两种，分别是沟侧开挖和沟端开挖。

（3）拉铲挖掘机。拉铲挖掘机的显著特点是由钢索控制铲斗，工作时后退向下依靠铲斗自身重力切土。其挖掘深度以及挖掘半径都比正铲挖掘机和反铲挖掘机大，但挖掘力稍弱，只能挖掘停机面以下的一至二类土，适用于水下挖土、挖掘大型基坑。拉铲挖掘机的开挖方式与反铲挖掘机极为相似，分为沟侧开挖和沟端开挖两种。

（4）抓铲挖掘机。抓铲挖掘机的显著特点是铲斗直上直下，依靠自身重力切土。其挖掘力是四种挖掘机中最小的，只能挖一至二类土，适用于水下挖土、挖掘独立的深井或基坑等。

1.4.2　起重机具

在工程施工过程中会用到各种起重机具，主要包含索具设备与起重机械两大类。

1. 索具设备

通常情况下，只有在吊装工程中会用到索具设备，其主要用于绑扎和吊运各种构件。常见的索具设备有钢丝绳、吊索、卡环、卷扬机、地锚、横吊梁等。

钢丝绳是起重机械工作时常用的一种索具设备，用于捆绑、悬吊、牵引各种重物和构件。吊索是一种特殊的绳索，与钢丝绳作用相似，但也略有不同，主要用于绑扎构件，以方便吊起构件。卡环，又被称为卸甲，主要作用是连接、扣紧、固定吊索和吊环，防止在施工过程中发生吊索、吊环断裂的情况。卷扬机，也被称为绞车，是吊装工程中常用的索具设备，主要用于升降和托运物料。地锚主要用于固定卷扬机和缆风绳，是维持把杆稳定的关键。横吊梁，也被称为铁扁担，主要用于屋架和柱子等部件的吊装。常用的横吊梁有以下四种：第一种是专门用于吊装屋架的钢管横吊梁；第二种是应用双机抬吊法吊装柱子的桁架横吊梁；第三种是用于吊装 10 t 以下的柱子的钢板横吊梁；第四种是用于吊装 8 t 以下的柱子的滑轮横吊梁。

2.起重机械

在吊装工程中，索具设备需要和各种起重机械搭配使用才能正常工作，常见的起重机械有自行杆式起重机、塔式起重机和桅杆式起重机等。

（1）自行杆式起重机。自行杆式起重机主要包含三种类型，分别是履带式起重机、汽车起重机和轮胎起重机。

履带式起重机的主要组成部分有履带式行走机构、回转机构、机身以及起重杆等。履带式行走机构能降低机器本身对地面的压力，且便于在多种地形开展工作。回转机构可以让整个机器的机身 360° 回转，方便调整方向。机身内安装有操作系统、动力装置以及卷扬机，驾驶员可通过合理操作完成物料的起重行为。起重杆长度并不固定，可以根据实际情况续接。该类型起重机主要应用于装配式钢筋混凝土单层工业厂房结构的吊装，但它也有十分明显的缺点，如吊装前需先验算吊装质量，应尽量避免超负荷工作；稳定性不高。履带式起重机的关键参数主要有以下三个：起重量（Q）、起重半径（R）和起重高度（H）。

汽车起重机与履带式起重机最大的区别在于所用的行走机构，汽车起重机所用行走机构是专用或通用的底盘式汽车，即在汽车底盘上安装起重机的作业部件，属于轮式起重机。汽车起重机不仅机动性强，还十分灵活，能快速转换工作场所，在土木工程中应用最多，但切忌超负荷行驶。汽车起重机重要的技术性能包含整机质量、最大起重量、最大起重高度、最小工作半径、吊臂全伸以及全缩长度等。

轮胎起重机与汽车起重机极为相似，唯一的区别是所用底盘不是汽车，而是一种经过专门设计的小轴距底盘，底盘上装有可伸缩的支腿，其他结构则与履带式起重机差别不大。在工作时，轮胎起重机底盘的支腿不仅可以保护轮胎，还能增强整个机器的稳定性。轮胎起重机的机动性也很强，能快速转换工作场所，但如果地面太过泥泞或松软，那么轮胎起重机很容易陷入地里。轮胎起重机重要的技术性能包含整机质量、额定起重量、最大起重高度、起升速度以及最小回转半径等。

（2）塔式起重机。塔式起重机的显著特点是拥有超高的塔身，操作系统以及起重臂都安装在塔身顶端。也正因为这种特点，塔式起重机的起重臂可以360°旋转，工作半径和工作高度都比较大，它主要应用于多层或高层的物料运输和结构吊装。塔式起重机类型五花八门，常用的有轨道式塔式起重机、爬升式塔式起重机、附着式塔式起重机。

轨道式塔式起重机是一种常见的塔式起重机，尤其在土木工程中更是应用广泛，它不仅作业范围广，还能负重行走，生产率极高。其重要的技术性能包含起重量、起重幅度、起升速度、吊臂长度及行走速度等。

爬升式塔式起重机，也叫内爬式塔式起重机，一般安装在建筑物的特设开间或电梯井中，也可以安装在筒形结构中，根据实际需求使用爬升机构升高自身位置。通常情况下，每当建筑物升高 3 ～ 8 m，起重机就需要爬升一次，塔身的高度一般只有 20 m，具体的起重高度可以根据施工高度来决定。爬升式塔式起重机塔身短，起重高度大，需依靠建筑物搭建，无须占据太大的建筑物外围空间，但这种搭建方式很容易让操作人员无法清楚看到作业过程中的起吊全过程，需要专业的信号来指挥，且这种起重机在拆卸时需要搭配辅助设备。

附着式塔式起重机，也叫自升式塔式起重机，一般直接固定在建筑物或构筑物一侧的混凝土中，每当结构升高时，可以自行接高塔身，增加起重高度。随着塔身高度的增加，每隔 20 m 就要用系杆和结构锚固，以保证塔身的稳定性。这类起重机大多是依靠小车结构的移动完成变幅的，因为机械位于结构旁边，操作人员能看到全部的吊装过程，操作方便，而且无论是安装还是拆卸都不妨碍施工进度。

（3）桅杆式起重机。桅杆式起重机，也被称为牵缆式起重机，是将一根可以起伏和回转的吊杆安装在独脚拔杆下端形成的组合机械，其至少需要 6 根缆风绳，且要根据缆风绳的最大拉力选择恰当的地锚和钢丝绳。如果桅杆式起重机的起重量低于 5 t，桅杆和吊杆一般由圆木制成，主要吊装小型构件；如果起重量为 5 ～ 10 t，桅杆和吊杆一般由无缝钢管制成，桅杆的高度最高可达 25 m；如果起重量高达 60 t，桅杆和吊杆都用角钢制成，桅杆的高度最高可达 80 m。

桅杆式起重机具有结构简单、起重能力强、不易受到施工场地条件限制以及方便装拆等优势，但因其使用了过多缆风绳，移动十分困难，且起重半径偏小。通常情况下，桅杆式起重机主要用于施工场地狭窄、吊装工程相对集中、构件偏重且无法使用其他起重机械的工程中。

1.4.3 筑路机械

筑路机械也是土石方工程常用的工程机械，常见的有道路施工机械、压实机械和路面施工机械。

1.道路施工机械

在道路工程施工过程中会用到各种工程机械，如推土机、铲运机、挖掘机、装载机、平地机以及破碎筛分机械等，此处对后两种机械进行简单介绍。

（1）平地机。平地机是将一个平地板安装在机械的前后轮轴之间的属于特殊类型的铲土运输机械，它既能平整地面，也能摊铺物料，如果选择更换工作装置，还能进行其他作业。常用的工作装置有松土器和推土铲，其可以进行松土、推土、刮土、挖沟、除雪等作业。

平地机的牵引动力是拖拉机，其主要操作方式有两种，分别是液压操纵式和机械操纵式。平地机根据车轮数量的不同分为四轮和六轮两种。

（2）破碎筛分机械。破碎筛分机械是一种将岩石破碎并按照一定规格筛分碎石的机械设备，是各种工程中都不可缺少的施工设备。

2.压实机械

压实机械是一种依靠机械自重以及机械产生的冲击或振动反复碾压被压材料，将材料内部存在的水分和空气进一步排空，保证其达到固定平整度和密实度的机械。压实机械根据自身工作原理不同，可分为静力压路机、振动压路机和夯实机械三类。

（1）静力压路机。静力压路机是一种依靠自身重力推动碾轮在被压材料表面进行反复滚动，以保证被压材料永久形变实现压实目的的机械。静力压路机根据碾轮材质的不同，可分为光轮压路机和轮胎压路机两种。

①光轮压路机。光轮压路机，也被称为钢轮压路机，碾轮为钢制的，主要用于压实路基路面、土方等，在城市道路施工工程和公路施工工程中应用较多。光轮压路机根据机器质量不同可分为三类，分别是轻型压路机，机器质量为 6～8 t；中型压路机，机器质量为 8～12 t；重型压路机，机器质量为 12～15 t。轻型压路机一般为二轮二轴式压路机，主要用于简易公路路面和城市道路压实、公路养护以及临时场地压实等工作。中型压路机有两种，第一种

是二轮二轴式，主要用于压平、压实各种路面；第二种是三轮二轴式，主要用于压实地基和路基以及初压铺砌层。重型压路机一般为三轮二轴式，主要用于最终压实路基和其他基础层。

②轮胎压路机。轮胎压路机的碾轮为充气轮胎，其主要用于压平碎石、砾石、沥青混凝土路面以及压实工程设施基础，在水利工程、公路工程、市政工程中应用较多。轮胎压路机具有光轮压路机没有的特性，即可以改变轮胎的充气压力以及增减配重。轮胎不仅对被压材料产生负荷作用，还能起到一定的缓冲作用，所以轮胎压路机对黏性土壤、沙质土壤的压实有更好的效果，既能保证不同层面的有效结合，也不会破坏层面本身所具有的黏性。在对碎石路面进行压实时，它并不会打碎碎石本身存在的棱角，而且也不会出现假象压实的情况，因为它的前轮能够摆动，能保证压实均匀。

（2）振动压路机。振动压路机与静力压路机的关键区别是碾轮上装有激振装置，在碾轮反复碾压被压材料的过程中，它还会以特定的振幅和频率对被压材料产生振动。在静压力和振动力双重作用下，材料的压实效果得到显著提升。振动压路机主要用于碾压公路工程中的土方以及垫层、底基层、基层的各种材料，也可用于沥青混凝土路面工程的复压。根据行走形式的不同，可将振动压路机分为三类，分别是拖式（单轴单轮），手扶式（单轴二轮、二轴二轮），自行式（二轴二轮常规式、二轴组合式、二轴综合式）。如今，有许多新型的振动压路机，如可以碾压各种土质、压实厚度达到 150 cm 的轮胎驱动凸块式振动压路机和轮胎驱动光轮式振动压路机。

（3）夯实机械

夯实机械是一种依靠对地面产生冲击或振动的形式完成土地夯实工作的工程机械，无论是黏性土壤还是非黏性土壤都可用其夯实，该机械夯实作业的厚度可达 1～1.5 m。夯实机械可用于路面坑槽、桥背涵侧路基的夯实或振实，也可用于路面维修、养护的夯实作业。根据夯实冲击能量大小的不同可将其分为三类，分别是 0.8～1 kN·m 的轻型、1～10 kN·m 的中型、10～50 kN·m 的重型；根据机械工作原理和结构的不同，可分为自由落锤式夯实机、振动冲击夯实机、振动平板夯实机、蛙式夯实机以及爆炸式夯实机。

3. 路面施工机械

（1）摊铺机。

①沥青混凝土摊铺机。沥青混凝土摊铺机是一种专门铺筑沥青混凝土路面的工程机械。它一般与沥青混凝土搅拌设备以及自卸汽车搭配作业，可用于机场、公路以及城市道路的铺筑。

沥青混凝土摊铺机主要有两类：自行式沥青混凝土摊铺机和拖式沥青混凝土摊铺机。其中，自行式沥青混凝土摊铺机根据行走机构的不同。分为两种：履带式沥青混凝土摊铺机与轮胎式沥青混凝土摊铺机。

履带式沥青混凝土摊铺机显著的优点是稳定性好、对路面要求不高、牵引力较大、基本不会打滑，它在公路建设以及大规模城市道路施工中必不可少。

轮胎式沥青混凝土摊铺机显著的优点是机动性强，可以快速转换工作场地或行走较远距离，但是如果摊铺的宽度和厚度都较大，机器很容易打滑。它主要用于城市道路施工工程。

如今，我国在公路建筑施工过程中使用的沥青混凝土摊铺机基本都是进口的，其优点是可用微机操控，不仅施工速度快，还极为精准。

②水泥混凝土摊铺机。水泥混凝土摊铺机是一种专门铺筑水泥混凝土路面的工程机械，主要由发动机、布料机、捣实机、平整机、表面修光机等元件组成。

水泥混凝土摊铺机根据移动形式的不同可分为两种，分别是滑模式摊铺机和轨道式摊铺机。

水泥混凝土摊铺机可用于摊铺机场跑道、公路、大面积地坪等水泥混凝土路面的混凝土。

（2）沥青洒布机。沥青洒布机是沥青混凝土路面铺筑和养护作业时常用的一种工程机械，属于黑色路面机械。对于沥青贯入式路面，首先需要将碎石层碾压紧实、平整，在保持表面干燥整洁的基础上使用沥青洒布机喷洒沥青，同时趁热均匀撒布嵌缝料，再用沥青洒布机喷洒第二遍沥青，直到沥青成为路面后停止喷洒。沥青洒布机也可以用于各类液态沥青的运输。

根据机器运行方式的不同可将其分为两种：自行式沥青洒布机和拖式沥青洒布机。自行式沥青洒布机以汽车为承载沥青洒布相关设备的底盘，可以装载大量沥青，主要用于大型路面工程和距离沥青供应基地较远的野外筑路工程。

拖式沥青洒布机根据机器驱动方式的不同分为手压式沥青洒布机和机压式沥青洒布机，手压式是用手按压油泵，机压式是用单缸柴油机驱动油泵。拖式沥青洒布机由于结构简单，适用于路面维修。

1.5 常见的桥梁工程机械

1.5.1 运梁车

运梁车通常和架梁机搭配在一起使用，其功能是将混凝土箱梁运送至架梁机，还可以根据需要帮助架梁机转场。MBEC900 型运梁车是中铁大桥局和德国 KIROW 公司合作研制并生产出来的，该运梁车会和 JQ900 型下导梁架桥机配套使用。

1. 运梁车概述

JQ900 型下导梁架桥机的吊梁方式是非常独特的，因而对于与其搭配在一起使用的运梁车也有一定的特殊要求，运梁车要先驶进导梁和架桥机主梁之间，由架桥机起重天车定点吊起混凝土箱梁后，运梁车再从架桥机承重支腿之间退出，也就是说，运梁车在工作时要从架桥机的后支腿之间穿过去。因此，运梁车车身不能太宽，并且架桥机是定点起吊的，运梁车不需要驮梁小车，MBEC900 型运梁车和其他运梁车的最大差异也在于此。具体来看，MBEC900 型运梁车在技术上的特点主要有以下五点：第一，全液压悬挂系统，以确保全部轴线载荷均匀、混凝土箱梁平衡支承；第二，转向模式共分为六种，采用的是全轮独立转向，不管在怎样的工况条件下都是适用的；第三，自动导航驾驶、报警和停车，运输功效很好，且桥梁结构有很好的安全保障；第四，可以在无遥控的条件下进行驾驶，在架桥机里对位行走时可以就近操作；第五，车身有质量轻、结构简单的特点，并且采用的是单元模块式，无论是安装还是拆卸都非常方便，并且在工地上运输、转移也非常方便。

表 1-2 是 MBEC900 型运梁车主要技术参数。

表 1-2　MBEC900 型运梁车主要技术参数

参数		参数值
载荷	自重 /t	225
	额定载荷 /kN	9 000
	单轮载荷 /kN	最大 170
尺寸 /mm	总长	45 315
	总宽	5 740
	轴距	2 300
	轮距	4 100
悬挂系统	最大升程距离 /mm	600
	补偿范围 /mm	最大 ±300
	转向角 / (°)	最大 ±42
行驶速度 / (km·h⁻¹)	快速	最大 14
	慢速	最大 5
	爬行	最大 0.2
额定载荷爬坡能力 / ‰		最大 4.16
直径 /m	内径	21
	外径	35
牵引力 /kN		最大 665
驱动系统	功率 /kW	381
	额定转速 / (r·min⁻¹)	2 100
转向架	数量	34
	悬挂轴摆角 / (°)	最大 ±4
电气系统	操作电压 /V	24

2.运梁车的主要结构

MBEC900 型运梁车由多个部分组成,如车架结构、悬挂结构等车体结构以及驮梁小车系统、油缸支腿系统等操作系统。

运梁车的主体是车架，在车架的两边各有 16 个"牛腿"，其作用是安装转向架、主动及从动轮组；车架的一端连接驾驶室，另一端则与动力装置相连；在车架的两个侧面附有液压与电气系统管路。运梁车无动力箱的一端是前面。

（1）车架结构。运梁车的车架结构分为主梁与横梁。其中主梁在车架的中间位置，横梁则在主梁的两边。主梁分为双、单横梁两种。主梁是由 4 个节段组合而成的，其结构是焊接箱型结构，主梁从前往后的 4 个节段的长度分别是 8 760 mm、11 500 mm、9 200 mm 及 9 200 mm，横断面的尺寸是 1 900 mm×1 440 mm，这几个节段是用高强度的螺栓连接在一起的。因为运梁车的车身很长，所以在装上混凝土的箱梁以后，车架的主梁会在竖向产生一定的挠度，在拼装过程中应留出 100 mm 的挠度。运梁车的双横梁及单横梁的数量分别是 8 个和 18 个。车架的主结构用的钢材主要是来自中国的 Q345D 及德国的 St52-3。

（2）悬挂结构。液压悬挂结构由多个部分组成，如转向架、回转轴承、摇臂、转向机构、支承油缸、车桥、工程轮胎等。车架连接回转轴承以后，就具备了转向及调节高度的功能，其具体结构如图 1-7 所示。

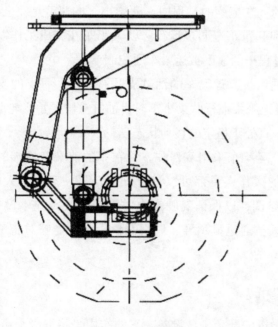

图 1-7　悬挂结构

（3）主动轮对。运梁车的主动轮对共有 11 对，包括工程子午轮胎、摇摆架、轮辋、减速器、液压马达等多个部分。在摇摆架中有无须维护的滑动轴承，滑动轴承连接转向架的摆轴以后，主动轮就可以摆动了，从而使其适应坡度为 4% 的横坡。摇摆架上装有液压马达及减速器，液压马达通过减速器驱动轮辋上的轮胎转动。

（4）从动轮对。运梁车的从动轮对共有 21 对，包括工程子午轮胎、从动轮轴、轮辋、轮毂、调心滚子轴承等多个部分。从动轮轴套内，有无须维护的滑动轴承，滑动轴承连接转向架的摆轴以后，从动轮会围绕摆轴摆动，从而使其适应坡度为 4% 的横坡。

（5）转向机构。转向机构采用的是全轮独立转向机构，整个运梁车共有 32 套悬挂，这些悬挂均可基于驾驶员设置的转向模式进行工作。每个悬挂轮轴都会按照预先设置的转向轨迹转动，做到无滑移行驶，这不仅能够使轮胎的使用年限得到延长，还能使整个机器的运行更加灵活。

（6）驮梁小车系统。驮梁小车系统的组成部分包括 1 台双出绳液压卷扬机、3 个转向滑轮、钢丝绳及驮梁小车结构。卷扬机是靠液压马达和减速器来驱动的，减速器带有弹簧闭锁液压释放制动器。驮梁小车是在液压卷扬机的作用下利用钢丝绳驱动的。在拖梁的过程中，驮梁小车的速度是完全被架桥机控制的，以确保驮梁小车和起重小车同步运行。驮梁小车在完成工作以后会返回特定的位置，这一返回过程中的速度被运梁车所控制。

（7）油缸支腿系统。运梁车的油缸支腿有 4 支，每支的支承力最大可达到 1 250 kN。当混凝土箱梁拖行驮梁小车时，油缸支腿要承受轮胎的载荷，且应保证驮梁小车能够一直处于稳定的移动状态。

（8）驾驶室。运梁车采用双驾驶室，在车的前端及后端的正面各设置了驾驶室，驾驶室里的操作人员都可以进行操作；驾驶室有单人座椅，视野广阔，且室内都安装了空调，以保证驾驶室内的操作系统及显示设备不受气候影响。驾驶室里的操作人员通过显示屏、灯组及仪表盘，能够对施工现场的数据有全面的了解。

1.5.2 提梁机

提梁机是运梁机的配套机械设备，它的作用是将混凝土箱梁放到运梁车上，还有部分提梁机其作用是提梁以及运梁。

1. 轮胎式吊运梁机

（1）ML900-43 型轮胎式吊运梁机的特点和参数。该吊运梁机用于梁场内混凝土箱梁的吊运和为运梁车进行装车作业等，能吊运铁路客运专线 20 m、24 m 和 32 m 双线箱梁。

轮胎式吊运梁机主要有两个显著的特点：一是作业范围是整个梁场，不仅工作效率高，速度还非常快；二是比起轨行式提梁机，走行路基无须特殊加固。

ML900-43 型轮胎式吊运梁机主要技术参数见表 1-3。

表 1-3　ML900-43 型轮胎式吊运梁机主要技术参数

指标	参数	指标	参数
额定起重量 /t	900	卷扬机数量 / 台	4
立柱中心距（跨度）/m	43.5	卷扬机单绳拉力 /t	10
跨内净宽 /m	>39	钢丝绳直径 /mm	24
吊具下高度 /m	9.0	空载提升速度 /（m·min⁻¹）	0～1.5
最大长度 /m	约 51	满载提升速度 /（m·min⁻¹）	0～0.5
最大宽度 /m	17.45	卷扬机最大提升高程 /m	7
最大高度 /m	14.33	单卷扬机允许提升质量 /t	225
轮组数量 / 个	28	提梁小车最大横移距离 /mm	250
轮胎数量 / 个	56	满载走行速度 /（m·min⁻¹）	0～16
轮胎型号	26.5R25	空载走行速度 /（m·min⁻¹）	0～27
轮胎充气压力 /kPa	750	爬坡能力 / %	1.5
驱动轮数量 / 个	20	发动机功率 /kW	380
从动轮数量 / 个	36	发动机型号	DEUTZ BF8M1015
轮组最大转向角度 /（°）	109	驾驶室数量 / 个	2
提梁小车数量 /	2	整机质量 /t	约 400

（2）ML900-43型轮胎式吊运梁机的结构组成。

①主结构。吊运梁机主要是由主梁、垂直立柱及横梁组成的，其中2根垂直立柱会和主梁及下横梁连接。主梁、垂直立柱及下横梁的结构都属于箱形结构，它们通过螺栓连接，组成了吊运梁机的主结构。箱梁的制作材料为钢板，为了使其具有更好的结构和稳定性，会在箱梁内设置筋板。

②走形轮组。吊运梁机共安装有28个轮组、56个轮胎，每根立柱下有7根轴线、14个轮组、28个轮胎。通过强化处理，轮组支架会承载纵向负载，而滚动轴承则承载横向负载。轴承上会安装密封装置，其作用是防止轴承被水侵蚀，轴承通过球形加油嘴加油润滑。

③液压系统。液压系统包括20组变、定量液压马达及2个变量液压泵。系统压力补偿泵会有效弥补主回路流量的损失，使系统压力更为稳定。液压系统的开与关，可通过改变发动机供油量的方式实现，而改变泵上的变量调节装置，也能使系统流量减少至0 L/min。

④制动系统。吊运梁机有常规制动和刹车制动这两种制动系统，常规制动适用于正常传动制动，如对液压马达进行制动；而刹车制动则适用于减速器与液压马达制动。

⑤转向系统。吊运梁机的前端和后端分别都有14组轮组。在行驶的过程中如果需要转向，轮组就会沿吊运梁机的转向半径转向。为确保吊运梁机能够做到原地转向90°，轮组连接了可独立实现90°转向的双作用液压缸和连杆机构。本机的转向系统能够使轮组以多种角度转动，且其回转轴心在一条线上。

在驾驶室内有操作杆，操作杆能够控制吊运梁机的转向，并且可以控制液压系统的分配器，从而对液压系统起到减压作用。

⑥提升装置。提升装置共有4台液压卷扬机，其主要由提梁小车和吊具组成。液压卷扬机装有带槽卷筒，可使钢丝绳平整缠绕。卷筒轴安装了轴承、卷筒、减速器及液压马达，其中减速器与液压马达间有多片盘式制动器，这属于常闭制动器。如果绞车行驶到了终点，卷筒就会在旋转控制器的控制下停止转动；如果卷筒的转速过大，液压卷扬机就会立刻紧急制动，促使卷筒不再转动；如果出现紧急情况，可以按红色停止按钮，促使卷筒不再转动。

在主梁的上部安装液压卷扬机，平时维修与保养都比较方便。

在定滑轮和动滑轮之间缠绕着卷扬机的钢丝绳。滑轮上安装有向心球轴承。

负载提升时，动滑轮会与吊具一起将负载拉升到指定高度。提升用的钢丝绳一共有 3 条，其中 2 条分别缠在卷筒上，另 1 条钢丝绳会同时缠绕在 2 个卷筒上，这样一来，三吊点式的吊梁就形成了。

卷扬机液压系统和绞车都配有压力控制阀组及压力分配单元。驾驶室的按钮与操纵杆都能够控制绞车和卷扬机，它们既能单独动作，也能同步动作。如果操作者松开了操纵杆，或者是卷扬机设定的终点已到，那么电磁阀就会停止供油，卷扬机就会在制动系统的控制下制动。如果油管出现爆裂的情况，系统的压力会随之下降，制动系统会启动自动制动模式，以防止负载坠落。虽然操纵杆上的按钮十分灵敏，但即便是不小心碰到了操纵杆也不会发生什么意外。当卷扬机低载荷运行时，液压马达的输入流量就会被节流阀所控制，也就是说使用节流阀可以防止液压马达因为转速太快而造成液压绞车超负荷运转。

⑦动力机组。主发动机、液压泵、提升装置控制装置、转向装置控制装置、伺服系统、液压油箱、分配器、电磁阀、蓄电池等组成了动力机组，它们全部被安装在一个封闭的柜子中，同时这个柜子被安装在一个平台上，平台位于横梁的上方。在减震装置上安装有水冷装置与柴油发电机，这些都是由驾驶员来操作的。液压泵会利用变速器传递发动机的功率。变速器的输出口连接主液压泵，而输出口则连接着剩下的卷扬机、液压小车及其余液压泵。

2. 轨行式提梁机

500 t 轨行式提梁机属于门式起重机，其主要是为铁路客运制梁场设计的。2 台 500 t 轨行式提梁机联合抬吊作业，可进行铁路客运专线 20 m、24 m、32 m 跨预制双线整孔预应力箱形混凝土梁的提升和装卸作业。

基于提升装吊作业的工作需要，可将 500 t 轨行式提梁机分为三种形式：一是大车重载走行，二是大车空载走行，三是固定式门架。根据门架结构形式的不同，500 t 轨行式提梁机还可以分成两种形式：一种是箱梁式，另一种则是桁架式。

1.6　常见的隧道工程机械

1.6.1　盾构机

1.盾构机简述

盾构隧道掘进机简称盾构机或盾构,主要用于对软土隧道的掘进。现代盾构机融合了机、电、光、传感等多种技术,功能也变得更加强大,其可以开挖切削土体,对土渣进行输送,还可以对隧道衬砌进行拼装、对导向纠偏进行测量等,集合了土木、机械、力学、测量等多门学科的知识,同时可以基于不同地质进行个性化的设计与制造,可靠性强,在地铁、公路、水电等多种隧道工程中被广泛使用。

盾构机具有自动化程度高、施工速度快、节省人力、不受气候影响等优点,在利用盾构机进行施工时还能对地面的沉降进行控制,并且对水面交通及地面建筑物的影响非常小。盾构机施工更加适用于洞线长、埋深大的隧道,因为这样会更经济合理。其工作原理是钢结构组件沿着隧道的轴线边掘进。钢结构组件外部有一个壳体,该壳体叫作盾壳,对还没有衬砌的隧道段能起到支撑和保护作用,盾构机的排土、掘进等操作均在盾壳下进行。

开挖面的稳定方法是盾构机工作原理的主要方面,也是盾构机区别于全断面岩石隧道掘进机的主要方面,它主要掘进的是岩石地层。两者最大的区别是,全断面岩石隧道掘进机没有泥水压、土压等功能。盾构机施工包括三大要素:一是稳定开挖面和掘进,二是排土和管片衬砌,三是壁后注浆。

2.盾构机分类

盾构机可以按照多种方法进行分类,如根据盾构机切削断面的形状、自身构造、尺寸、功能、掘削面的挡土形式等。

(1)按挖掘土体的方式分类。根据挖掘土体的方式,可将盾构机分为三种类型:一是手掘式盾构机,其掘削出土的形式都是通过人工操作实现的;二是半机械式盾构机,这种盾构机大多数是通过机械装置完成掘削和出土的;三是机械式盾构机,这种盾构机的掘削和出土全部是通过机械装置实现的。

（2）按掘削面的挡土形式分类。根据掘削面的挡土形式，可将盾构机分成三种类型：一是全开放式盾构机，在施工时掘削面会敞开，可以直接看到掘削面的掘削操作；二是部分开放式盾构机，在施工时掘削面不会完全敞开，而是部分敞开，比如，挤压式盾构机；三是封闭式盾构机，在施工时掘削面封闭，看不到掘削面，但是会靠其他装置来间接掌握掘削面。

（3）按加压稳定掘削面的形式分类。根据加压稳定掘削面的形式，可将盾构机分成三种类型：一是压气式盾构机，即压缩空气式盾构机，这种盾构机会向掘削面施加压缩空气，然后用该气压稳定掘削面；二是泥水加压式盾构机，即用外加泥水向掘削面加压，以稳定掘削面；三是土加压式盾构机，即用掘削下来的土体土压稳定掘削面。

综合以上三种分类方式，盾构机分类如图 1-8 所示。

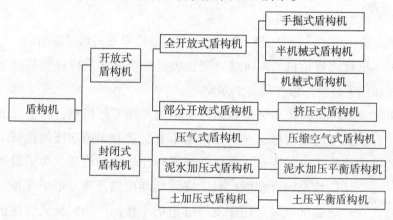

图 1-8 盾构机的分类

3.盾构机形式

（1）手掘式盾构机。手掘式盾构机就是采用人工形式开挖隧道工作面的盾构机。其属于盾构机的基本形式，正面为敞开的，开挖工具基本上都是铁锹、风镐及碎石机。开挖面通常通过自然的堆土压力支护或是利用机械挡板支护。根据地质条件的不同，开挖面可以人工进行挖掘，也可以是全部或者是正面支撑基于土体的自立性分层挖掘。开挖土方为全部隧道排土量。这样的盾构机在地面进行观察时会更加方便，同时具有很好的经济效益；但也有很多不足之处，如劳动强度非常大，效率不高，对于人身安全及工程安全有很大的威胁。若在含水层挖掘，则需要通过气压、土壤或是降水的方式，进行加固操作。

手掘式盾构机是从上往下挖的，挖的时候会按顺序对正面支撑的千斤顶进行调换，挖出来的土会通过皮带运输机运送到渣土车里。采用该盾构机的基本条件是在挖掘期间开挖面不能出现坍塌情况，因为在挖掘过程中盾构机的前方是敞开的。

手掘式盾构机不管是对沙性地层还是对黏性地层，都是比较适用的，所以其常常被用于复杂地层中。手掘式盾构机在施工中遇到障碍物时，由于其正面是敞开的，所以比较容易排土。这样的盾构机不仅价格非常便宜，还不容易出现故障，故具有显著的经济优势。

在缺少辅助措施的情况下，手掘式盾构机适合对稳定性较高的围岩进行挖掘。如果开挖面是不稳定的围岩及渗漏地层，就可以通过降水、增加气压等辅助措施对地层进行维稳。在具体的施工过程中，还可根据实际情况选用降低地下水位、改良地层等辅助措施。

手掘式盾构机不一定是圆形断面，也可以是矩形或马蹄形断面。

（2）半机械式盾构机。半机械式盾构机是在手掘式盾构机的基础上安装了掘土机械和出土装置，以替代人工作业。

半机械式盾构机开挖和装运石碴时所用的都是专用机械，并搭配液压挖掘机、臂式掘进机等出碴机械，或者是搭配带有掘进和出碴功能的机械。在施工时一定要确保操作人员的安全，并且选择噪声比较小的设备。为了避免施工时出现开挖面坍塌的情况，会在盾构机上安装活动前檐及半月形千斤顶，并会经常将胸板放在单独的区域或是用于支撑隧道的工作面。半机械式盾构机适用于以沙、沙砾、固结粉砂和黏土为主的洪积层，也可用于软弱冲积层，但一定要同时使用压气施工法，或者是采取改良地层等措施以发挥辅助作用。

（3）机械式盾构机。全开放式的机械式盾构机在前端安装有旋转式刀盘，可以使其掘进功能大大提升。在挖土沙时，机械式盾构机会通过旋转铲斗及斜槽将土沙装入皮带输送机；而且排土及围岩开挖可以连续开展。机械式盾构机适用的土质同手掘式及半机械式盾构机。

（4）挤压式盾构机。盲式盾构机又称挤压式盾构机。在挤压推进的过程中，挤压式盾构机容易给土体造成较大的扰动，因此地面上有建筑物存在时，为硬质地层与含沙率较高的围岩时不宜使用挤压式盾构机；其仅适用于流动性强、自稳性差的粉砂质围岩与软黏土。

　　然而稳定的开挖面要求地面流动性与液性指数要低。目前由于满足上述地质开挖条件的地面较少，因此该盾构机的使用范围较窄。盖板挤压式、螺旋排土挤压式、网格挤压式是挤压式盾构机的三大类型。

　　①盖板挤压式盾构机。通过使用隔板，使开挖面全部封闭，仅在部分位置设有面积可调的排土盖板，即盖板挤压式盾构机。盾构机正面向前推进并逐渐进入围岩，在这一过程中，沙土处于塑性流动状态，故须通过盖板将沙土排开。通过调节排土阻力与盖板开口大小，促使开挖面土压与千斤顶推力达到平衡状态，从而实现开挖面的稳定。

　　②螺旋排土挤压式盾构机。通过使用封板，使开挖面全部封闭，盾构机正面向前推进并进入围岩，在这一过程中，沙土处于塑性流动状态，故须运用螺旋输送机将沙土排开，该类型盾构机称为螺旋排土挤压式盾构机。通过调节螺旋输送机出土闸门的开度与转速，促使开挖面土压与千斤顶推力达到平衡状态，从而实现开挖面的稳定。

　　③网格挤压式盾构机。通过盾构机切口的网格，挤压正面土体并使其被切削成小块，并利用土体与网格板间、封板及切口侧向面的摩阻力，使得其与正面地层侧向压力相平衡，最终实现开挖面的稳定。该类型盾构机称为网格挤压式盾构机，主要特点为操作方便、结构简单、较易排除正面障碍物等。该盾构机的正面开孔出土面积小，因此适宜在软弱黏土层中使用，当遇到局部粉砂层时，可通过采用局部气压法在盾构机土仓内实现正面土体的稳定。按照不同的出土方式，可以将网格挤压式盾构机划分为两大类，即水力出土与干出土。

　　（5）压缩空气式盾构机。使地下水的静水压力与空气压力保持平衡，便是压缩空气式盾构机的工作原理，人们又称其为气压平衡（air pressure balance, APB）盾构机；然而空气压力不能直接抵抗土压，应通过机械或自然的支撑承受土压。

　　通常来说，压缩空气式盾构机适用于多水松软地层、黏沙土及黏土。针对一切以压缩空气为支护材料的盾构机，将其断面划分为全断面或分部断面，将其挖掘方式分为机械式与手掘式。该类型盾构机在早期需要在止水隧道与隧道工作面之间进行较长时间的封闭工作，且须在压缩空气环境中进行施工。之后研发的压缩空气式盾构机仅有开挖仓能承压，人们称之为局部气压盾构机，在日本则将其称为限量压缩空气盾构机。此类盾构机中设有密封隔板，可以封闭加压工作面，使得已完成的隧道断面与其隔开，并能够在大气压下进行安全施工。

隧道工作面底部的水压应低于压缩空气的压力。由于水压呈现较为明显的梯度，因此在顶部出现过剩压力时会发生空气进入地层的状况，此时随着气流平衡的打破，覆土层较浅的隧道工作面将出现喷发的现象，从而造成严重事故。鉴于此，目前其已被泥水加压平衡盾构机取代。

（6）泥水加压平衡盾构机。利用封闭型平衡工作原理实现开挖的新型盾构机，称为泥水加压平衡（slurry pressure balance, SPB）盾构机，简称 SPB 盾构机。具体来说，泥水加压平衡盾构机对土层开挖面的支护，由气压支护转为泥浆支护，其施工安全可靠、技术先进、工作效率高、施工质量好，是一种新型的盾构机。

泥水加压平衡盾构机拥有较为复杂的工作原理，设备成本与施工占地面积比较大，因此在城市市区使用时存在一定难度。但在某些特定环境下的建筑工程中，该盾构机的优越性便会充分彰显出来，诸如对地面变形要求极高、拥有超大直径盾构机的地区施工，以及在覆土层浅、极不稳定土层、无黏聚力、含有大量水和砂砾层的地区施工时。此外，针对某些特殊施工环境与条件，该盾构机能够极大地降低施工成本，诸如对泥浆仅需要加以沉淀处理和排放的工程、拥有较好的泥浆排放条件与丰富水源的工程以及某些较为宽敞的施工场地等。

（7）土压平衡盾构机。土压平衡（earth pressure balance, EPB）盾构机，简称 EPB 盾构机。其将隔板设置在盾构机的前部，使得用于排土的螺旋输送机与土仓内充满泥土，然后通过油缸的推力向开挖土渣施压，从而起到稳定开挖面的作用。土壤本身就是该盾构机的支护材料。

1.6.2 TBM

1.TBM 概述

将控制、激光、液压、电子、机械等技术融为一体的高度自动化与机械化的大型隧道开挖衬砌成套设备称为全断面岩石隧道掘进机（tunnel boring machine, TBM）。它是一种由电动机-液压马达或电动机对液压缸进行推进与对刀盘旋转进行驱动，促使刀盘在一定推力的作用下与岩石壁面紧贴，利用安装在刀盘上的刀具对岩石进行击碎，促使隧道断面获得一次成型的工程机械。TBM 是目前岩石隧道掘进中极具发展潜力的机械设备，主要原因在于它具有以下优点：施工干扰小（如在地下、水下施工时不会给地面或水中的正常交通带来影响，对地面以上建筑物的施工干扰也少）；能够有效控制地面沉陷，同时不受外界天气变化的影响，更为重要的是在人力、物力、财力方面都可以节约成本，施工效率高、自动化程度高等。以下是 TBM 常见分类方法：

（1）按刀盘形状分类。按照不同的刀盘形状，可以将 TBM 划分为三大类，即锥面刀盘 TBM、平面刀盘 TBM、球面刀盘 TBM。其中应用较为广泛的是平面刀盘 TBM。

（2）按作业岩石硬度分类。按照不同的作业岩石硬度，可以将 TBM 划分为三大类，即作业岩石单轴抗压强度可达 350 MPa 的硬岩 TBM、作业岩石单轴抗压强度 <150 MPa 的中硬岩 TBM，以及作业岩石单轴抗压强度 <100 MPa 的软岩 TBM。

（3）按开挖断面形状分类。按照不同的开挖断面形状，可以将 TBM 划分为两大类，即非圆形断面 TBM 与圆形断面 TBM。

（4）按 TBM 与洞壁之间的关系分类。按照开挖隧道洞壁与 TBM 之间的关系，可以将 TBM 划分为三种类型，即开敞式 TBM、护盾式 TBM 及其他类型 TBM。按照护盾的数量，又可以将护盾式 TBM 划分为三大类，即三护盾、双护盾与单护盾。其中，开敞式 TBM 与护盾式 TBM 的应用范围较广。

2. 开敞式 TBM

作为早期掘进机的机型，开敞式 TBM 又称支撑式 TBM。该机型的工作原理是通过支撑机构撑紧洞壁、刀盘的旋转，对液压缸进行推进，通过刀具击碎岩石，通过出渣系统排出土渣，从而实现开挖作业的连续循环，对于岩石整体性能较好的隧道极为适用。具体来说，单支撑主梁式 TBM 与前后共有两组 X 形支撑的凯氏 TBM 是目前开敞式 TBM 的两种主要结构形式。

一般情况下，TBM 后配套系统与 TBM 主机共同构成开敞式 TBM，其特点为使用了内外凯氏机架。

通常来说，行走装置、变压器、操作室、电气系统、液压系统、后支撑、推进油缸、外部凯氏与支撑靴、内部凯氏、主轴承密封与润滑、辅助液压驱动、刀盘主轴承与刀盘驱动器、刀盘护盾、刀盘等共同组成 TBM 主机。内凯氏机架的前部安装了刀盘驱动与主轴承，后支撑安装在后部。X 形支撑靴安装于外凯氏机架上。两侧的防尘护盾、可伸缩的顶部护盾、可浮动的仰拱护盾共同包围并支承着刀盘与刀盘驱动。为了给钢拱架安装器与锚杆钻机的安装提供尽量大的空间，可在前后支撑靴之间安装刀盘驱动。刀盘内是中空的，所以在刀盘上安装铲斗、刮刀、盘形滚刀，以便将石碴输送至皮带输送机上。

另外，由一个皮带桥与若干平台拖车共同组成后配套系统，内设有装运系统与主机的供给设备。供水系统、注浆系统、混凝土喷射系统、皮带输送系统、操作室、通风系统、除尘器、电缆卷筒、总断电开关、变压器、配电盘、液压动力系统等被置于后配套系统上。与此同时，还有一系列辅助设备被安装于拖车上，诸如电视监视系统、水系统、空压机、应急发电机、高压电缆卷筒、混凝土喷射系统、注浆系统、瓦斯监测仪、导向系统、数据处理系统、通信系统、通风冷却系统、除尘器、辅助风机、风管箱、锚杆钻机、超前探测钻机、仰拱吊装机、钢拱架安装器等。

3. 护盾式 TBM

通常来说，在整机外围安装一个与原机直径一致的圆筒形保护结构，以有效保护机器在进入复杂岩层时不被破碎砂石所损坏的 TBM 称为护盾式 TBM。

一般在围岩较为完整的岩石隧道进行挖掘工作时，会采用开敞式 TBM，这主要是因为此类隧道岩石自身具有较好的稳定性，所以在施工作业时，设置相应的顶护盾即可。当围岩出现局部不稳定情况时，可以采取在掘进机刀盘后加临时支护的方法，诸如圈梁、加钢筋网、喷混凝土、打锚杆等，在一定程度上可以确保洞壁的稳定。此外还有一种方法，即在掘进前钻超前孔，并向前方围岩灌浆，待其固结后方可再进行施工作业。然而在具体工作中，施工方会遇到各种无法预测的复杂情况，诸如洞、局部软岩、破碎带、断层等，此时若是仅采取临时支护的方法，将很难保证围岩的稳定。

盾构机与开敞式 TBM 有机结合，能够有效解决复杂岩层的开挖隧道问题。护盾式 TBM 也由此应运而生，它是一种开敞式 TBM 与盾构机技术相结合的产物，诸如采用管片衬砌、推进油缸顶在衬砌管片上、机器周围加圆筒形护盾等。

双护盾 TBM 与单护盾 TBM 是护盾式 TBM 的机器类型。

（1）双护盾 TBM。后配套、连接桥、TBM 主机三大部分共同构成双护盾 TBM。安装管片的盾尾、连接前后盾的伸缩部分、装有支撑装置的后盾与装有刀盘的前盾等共同组成了主机。

①护盾。通常来说，前盾、连接前后盾的伸缩部分、后盾（支撑盾）及盾

尾是护盾的四个主要组成部分。

a. 前盾。刀盘驱动装置与刀盘组成前盾，它对刀盘驱动装置与刀盘起到支承作用。通过伸缩液压油缸实现前盾与后盾的连接；主推进液压油缸分成上下左右 4 组进行控制，对前盾进行方向控制。与后盾相对应的前盾部位，装有 4 个线性传感器用于测量作业，其测量结果数据将在控制室的显示屏上显示出来。

护盾与切削室通过刀盘的密封隔板隔开。在密封隔板上开一个排水孔，并使其与水泵底壳相通。当水涌入时，输送带上的闸门将会关闭，由此排出切削室中的水。

在前盾顶部 1/4 处设有 2 个液压操纵的稳定器，在硬岩作业时，其不仅能发挥后盾拉力的辅助作用，还能稳定前盾。

利用尾盾的推进油缸在换步过程中对管片进行推压，同时使护盾在伸缩油缸的作用下得到支撑。由于推进油缸会对已衬砌的管片进行推进，因此前盾不会在这一过程中被往后拉，后盾得以不断向前推进。

b. 伸缩部分。前盾通过伸缩部分与后盾相连接，实现了管片安装与 TBM 掘进的同时进行。前盾通过主推进液压缸与后盾相连接，实现了拉力与推力的传递。当遇到不稳定地质条件并且覆盖层载荷较大时，这一性能能够最大限度防止护盾的下倾。

刀盘扭矩经过 2 个重型扭矩梁传递至支撑靴上，该装置能够有效预防盾体的扭转。刀盘扭矩从前盾通过 2 个力矩装置传至后盾，力矩液压缸可以调整前盾与后盾的滚动，而无须伸缩油缸的参与。

要想实现清洁与检查，应注意伸缩部分两个壳体的间隙，此处设有若干窗口便于日常检查。当收缩位置设有伸缩部分时，前端与内壳体的一个密封处彼此接触，可以将膨润土或水同时泵入两个壳体的间隙中，以达到清除石碴的目的。为了清洁两个壳体的间隙，需要在外壳体顶部的 120° 范围内设置一个刮刀。

当需要到刀盘前方或对盾壳外的障碍物进行处理时，可以通过铰接油缸促使后盾与伸缩部分相分离，并露出工作面。

c. 后盾。支撑装置与副推进液压油缸通常装于后盾内部。后盾既可以将前盾拉回，还能够承受前盾的所有推进反力。由于后盾尺寸较大，并没有对围岩形成强大压力，这一点对 TBM 掘进软弱围岩至关重要。

为了便于 TBM 转向，可将副推进液压油缸分为 4 组。当进行软弱围岩掘进时，伸缩部分与支撑不用工作，而这 4 组副推进液压油缸需要连接到同一推力靴上。为了对隧道衬砌管片进行保护，需要将聚氨酯覆盖在推力靴面上。

为了克服前后盾的摩擦力，并施加足够的力作用于刀盘，后盾总推力要相当大。液压动力站供所有副推进液压油缸使用。供油量对 4 组液压油缸施加控制，由 TBM 操作者对其进行监控。进行常规掘进时，也就是通过支撑靴提供的反力对刀盘与前盾进行推进时，可以采用共用的油流对主推进液压油缸进行操作。为了便于操作者的监控，每一液压油缸都装有线性传感器与测量装置。在正常掘进中，当支撑靴能够提供足够的刀盘切削反力与推力反力，并且围岩状态良好时，可采用以上方法。此时，可以同步进行安装管片与掘进的作业。每当主推进液压油缸推进一步，后盾后方便会自动安装一环管片。之后，将支撑靴缩回，通过主副推进液压油缸的推拉，使得后盾前移以实现换步，从而完成后续的支撑作业。随后，再次进入掘进与安装管片的作业中。

当双护盾 TBM 进行简单的盾构作业时，具体来说就是支撑不发挥作用且伸缩部分保持在收缩状态时，刀盘的反力矩由洞壁与护盾间的摩擦力提供，而副推进液压油缸支承在管片上，使得刀盘产生了推力。然而遇到软弱围岩时，安装管片与掘进的工作便不可同步进行。

作业时刀盘的反力矩有两种提供方式：其一是盾壳的摩擦力，其二是护盾的副推进液压油缸的斜置。也就是说，在可调节的固定装置上，均有推力靴上的 2 个活塞杆端头。通过液压可以调整该固定装置，促使副推进液压油缸保持斜置，产生圆周方向的分力，从而更好地承受刀盘的反力矩。

d. 盾尾。在后盾部分安装盾尾，然后在盾尾上安装钢丝刷密封，并将其安装在上部的 270° 圆面上，从内向外翻，从而有效避免碎石进入盾尾。

②双护盾 TBM 工作原理。双护盾 TBM 按照隧道管片拼装作业与开挖掘进作业并进和连续开挖的概念进行设计，按快速施工的设计要求，掘进机的管片安装机具有管片储运和管片拼装双作业功能。双护盾 TBM 在地质良好时可以同时进行掘进与安装管片的作业，且在任何循环模式下都是在敞开状态下掘进的。

双护盾 TBM 具有两种掘进模式：双护盾掘进模式和单护盾掘进模式。

a. 双护盾进模式。双护盾掘进模式适用于稳定性好的地层及围岩有小规模剥落但较稳定性的地层，此进洞壁岩石能自稳并能经受水平支撑的巨大支撑力，掘进时，伸出水平支撑，撑紧洞壁，由支撑靴提供掘进反力。

　　b. 单护盾掘进模式。单护盾掘进模式适应于不稳定及不良地质地段, 由管片提供掘进反力。在软弱围岩地层中掘进时, 洞壁不能为水平支撑提供足够的支撑力, 使支撑系统与主推进系统不能被使用, 伸缩部分处于收缩位置。刀盘掘进时的反力由盾壳与围岩的摩擦力提供, 刀盘的推力由支撑在管片上的辅助推进油缸提供, 掘进与安装管片的作业不能同步进行。此时的 TBM 作业循环顺序如下: 掘进→辅助油缸收回→安装管片→再掘进。

　　(2) 单护盾 TBM。

　　①结构组成。衬砌管片安装系统、通风除尘系统、出渣系统、激光导向机构、推进系统、刀盘轴承及密封、刀盘支承壳体、刀盘部件及驱动机构、护盾等共同组成了单护盾 TBM。

　　②应用特点。对于溶洞、局部软岩、破碎带或大面积断层等开敞式 TBM 的支撑板难以发挥作用及完全无法发挥作用的地质条件来说, 采用单护盾 TBM 是较为适宜的。单护盾 TBM 仅存在一个护盾, 基本不会使用开敞式 TBM 的支撑板。在进行隧道挖掘时, 通常会在护盾的保护下进行隧道管片安装与掘进的作业。由于无法使用支撑板, 因此单护盾 TBM 需要通过护盾尾部的推进油缸支撑在管片上来获得机器的前推力, 也就是说, 管片相当于推进力的 "后座", 在掘进机前进的过程中发挥着重要作用。在隧道外进行预应力钢筋混凝土衬砌管片的预制时, 通过单护盾 TBM 内的衬砌管片安装器实现了管片的安装。对于衬砌, 既可以设计为初步衬砌, 也可以设计为最终衬砌, 随后在现场完成混凝土浇筑。一般情况下, 双护盾 TBM 的单护盾掘进模式与单护盾 TBM 的施工过程大同小异。

　　一般来说, 施工方必须在停止掘进作业的前提下, 实施衬砌管片的安装作业, 这主要是因为衬砌管片在单护盾 TBM 的掘进过程中要承受作业所需的全部后坐力, 也就是说, 掘进速度受限于不可同步进行的衬砌管片与挖掘作业。但是由于管片衬砌作业紧随掘进作业进行, 无须像开敞式 TBM 时一样停机进行岩石支护, 因此能够在一定程度上消除对掘进速度的影响。

　　无论是在工作方面还是在结构方面, 土压平衡盾构机与单护盾 TBM 都有相似之处, 具体表现在以下三个方面: 其一, 均采用一个护盾; 其二, 均设有刀盘, 并且刀盘上均安装了部分刮刀与盘形滚刀; 其三, 推进力的获取途径相同, 即都依靠尾部油缸对混凝土衬砌管片进行顶推。

与此同时，两者之间也存在明显的区别。一是，单护盾 TBM 没有设置压力平衡室，而土压平衡盾构机为了保持一定的土压力与水压力，设有封闭的压力平衡室或开挖室。二是，刀盘上的刀具存在明显区别。通常而言，土压平衡盾构机只有在遇到坚硬地层时才使用盘形滚刀，一般情况下是使用刮刀与割刀；而单护盾 TBM 则不同，该设备以盘形滚刀为主，刮刀为辅。三是，在常压下，单护盾 TBM 由带式输送机实现掘进机的出渣；而在压力平衡条件下，由螺旋输送机实现土压平衡盾构机的出渣。

　　目前，该领域的发展趋势表现为盾构机技术与单护盾 TBM 技术的有机结合，这能最大限度地将它们的优势都充分发挥出来，促使单护盾 TBM 的工作模式不断丰富，如土压平衡工作模式的加入等；而单纯的单护盾 TBM 的应用频率已经日益降低。

第2章 工程机械设计基础

2.1 现代机械设计理论

2.1.1 设计的内涵及特征

对于人类来说，设计是非常重要的具有创造性的活动，不管是人类的日常生活，还是人类的生产活动，都与设计有着密不可分的联系，设计也是人类创造更多社会财富、推动文明发展的重要活动之一。设计的概念，主要可从广义和狭义两个角度来理解。从广义上讲，设计就是对事件的发展提前做出计划与安排，如发展的方向、细节、目标等；从狭义上讲，设计就是在主观思考的前提下，为满足客观需求而做出的技术过程或技术系统。工程产品与工程技术方面的设计，都属于狭义概念。

在如今科学技术不断发展、生产力水平不断提高的时代背景下，设计科学开始朝更加深远的方向发展，同时设计的内容、理论、手段等方面也在不断更新。虽然当前对于设计的定义还没有进行统一，但是依然可以从下列几个角度对其内涵进行分析。

（1）设计是具有创造性的活动，而创造性对于设计来说是至关重要的，缺少创新的设计就不叫设计。

（2）设计就是为了满足人们的实际需求而进行的实践活动。

（3）设计是一种优化的过程，即在特定的前提下基于目标寻求最佳解决方法的过程。

（4）设计出的产品属于综合性产物，其具有经济性、艺术性、技术性及社会性的特性。

（5）设计是为满足需求而进行的一种创造性思维活动过程。

（6）设计就是通过分析、综合及创造，建立满足特定要求的系统，然后开展一系列相关活动的过程。

综上所述，可以得出这样一个定义：设计就是为了满足人类及社会的功能需求，根据提前设定好的目标，利用创新思维，经过多次的分析与计划后形成的包含文字、数据等信息的技术文件，从而实现某种经济效益或社会效益，再通过实践将其转化成一项工程，生产出相应的产品。因此，从本质上来说，产品设计其实是具有创造性的过程，也是把创新思维转化成优质产品的过程。

设计有多种不同的特征，具体介绍如下。

（1）需求特征。简单来说，之所以会进行产品设计，就是为了使人类的某些需求得以满足，也就是说设计源于人的需求。如果人没有某些需求，也就不会想着去做设计。

（2）创造性特征。任何事物都在不断发展，时代也在不断进行更迭，从而引起人类在需求方面、社会及自然环境方面的变化，因此便会促使设计者为适应这些变化而进行不断的设计，不断地创造出新的产品，以取代旧的无法满足人类需求的产品。

（3）程序特征。不管是什么产品，势必会经历设计的过程，即从明确设计任务到形成具体的技术文件的整个过程。设计过程可分成四个阶段：一是产品规划阶段，二是原理方案设计阶段，三是技术阶段，四是施工阶段。在实际开展工作时按照这一过程进行设计，不仅能提高工作效率，也能为最终设计出来的产品的质量提供一定的保障。

（4）时代特征。特定时代背景下的技术水平、物质基础等都会对设计产生一定的制约作用，因此，每种产品的设计都会带有时代特征，被烙上时代的印记。

2.1.2 设计发展的基本阶段

人类设计活动是逐步发展起来的，经历了从发展到完善再到深化的过程。纵观设计发展进程，可将其分成以下四个阶段。

（1）直觉设计阶段。最初的自发设计是带有直觉性的设计，人们所受到的启发都来源于自然现象，或者是人们仅凭自己的直觉来进行设计。这样的设计有如下特点：①设计者基本上都是有着丰富经验的手艺人，而这些人通常不会有过多的沟通及信息交流；②在制造产品时往往是凭借制造者的经验和想法，因此制造不会和设计分开；③所谓的设计方案通常只存在于手艺人的脑海中，并不会形成具有文字、数据等信息的具体方案，而制造出来的往往也是较为简单的产品；④设计周期往往比较长，可能要经过几年的时间才能设计出最终的产品，甚至可能要经过十几年。在设计发展史中，直觉设计阶段是较为漫长的一个时期，从最初出现设计到 17 世纪都属于直觉设计阶段。

（2）经验设计阶段。这一阶段的设计就是设计者会基于自己之前的实践经验，经过总结、加工以后得到具体的设计图纸，再根据图纸进行制造。由于生产力的进步，人们对于产品的功能及数量的需求也随之发生变化，促使设计进入了经验设计阶段。这一阶段具有以下四个特点：①在多名手艺人的通力合作下，凭借自己的经验，并结合其他人的经验进行设计；②设计者会通过图纸的形式呈现自己的经验与构思，接下来的生产与制造也会凭借图纸来进行；③到了 17 世纪，由于数学与力学的结合，当人们在设计中遇到某些问题时，开始学会利用经验公式去解决这些问题；④支持多人进行同一种产品的生产，以满足人们对于产品数量的需求。

有了图纸以后，掌握了丰富经验的手艺人就能将自己的经验与想法具体记录下来，然后一直传承下去，而且也便于以后对图纸的某些内容进行修改，这样也能促进设计工作的发展与进步。

（3）半理论半经验设计阶段。自 20 世纪开始，科学技术的发展迈上了一个新的台阶，同时实验手段也得到了加强。对于设计中所需的各种参数，人们学会了以理论为基础进行计算，并且能够通过一些辅助手段进行产品的设计，如模拟实验等。通过辅助手段获取有用信息以后，人们就知道该如何去选择合适的结构；通过对产品进行局部实验、模拟实验等获取较可靠的数据后，可有效缩短试制时间，从而加强设计的可靠性，该阶段就是半理论半经验设计阶段。在这一阶段中，设计活动的主要变化有以下几点：首先，更加注重研究设计基础理论及产品设计机理，通过研究获得了很多有用的数据与信息，从而形成具体的设计手册等，以支持后续的设计；其次，更加注重对于重要零件的设计研究，尤其是对这些零件进行了模拟实验后，设计的速度变得更快，设计的成功率变得更高；最后，加强了"三化"研究，"三化"指的就是零件标准化、产品系列化及部件通用化，同时还提出了设计组合化。

在这一阶段中，因为加强了对于设计理论及设计方法的研究，所以要比经验设计阶段更具科学性，使设计活动在效率、质量等方面都得到了一定的提高，也有效降低了设计及产品的成本，直到现在，该设计思路依然在使用。

（4）现代设计阶段。现代设计是伴随着科技爆炸而迅速发展的，计算机的出现深刻改变了设计这一技术过程。在这一时期，设计理论及其方法学均得到了显著提升，计算机辅助设计（CAD）技术的发展加速了设计结果的产出以及图纸的产出，并且一体化和集成化技术的应用使得无纸化生产成为现实。

现代设计另一个突出的特点就是对人文主义与环保主义的重视。设计过程不再局限于产品本身，产品对于环境的影响预期同样要被纳入到考虑之中；与此同时社会效益和经济效益也是设计考虑的重要方面，设计思维不再仅限于短期利益，而是着眼于长远利益。

在发展进程中，现代设计也逐步向着多学科融合的方向靠拢，体现出跨领域整合的趋势。这种融合不仅包括传统设计领域与工程、科技的结合，还涵盖了心理学、环境科学、社会学等多个学科的知识和方法论。这种跨学科的交叉合作促进了创新思维的发展，使设计解决方案更加全面、深入。

2.2　机械设计的概念和基本要求

2.2.1　机械设计的概念

机械设计泛指机器及其零部件的设计，或者单独一个部件、零件的设计。机械设计是基于市场的需求，在经过了构思、决策等一系列步骤以后对所要设计的产品的功能、结构、设计参数等加以明确，再将这些设想转变成现实的技术实践活动。进行机械设计的终极目标是达到提前制订好的功能方面的要求，使产品的功能性更强、成本更低、价值更高，从而制造出满足市场需求的产品。

2.2.2　机械设计的基本要求

机械虽然在种类上十分丰富，但是其基本的设计要求却大同小异：①在功能上，要实现提前设定好的功能，从而满足性能要求；②要实现安全性与可靠性；③要满足市场的需求，同时要实现经济性；④在操作方面要实现便捷性；⑤要满足工艺性及标准化、系列化、通用化的要求；⑥要满足不同工作环境下的各种不同需求。

2.3　机械设计的目标与流程

机械设计主要是对机械进行研究，使其能够安全、可靠地工作。机械的定义：一个组装的能以预定和受控的方式传递运动和能量的零件系统，简单来说，就是一个控制和运动系统。

对于一台机器来说，其基本的功能是做有用功，因为机器多多少少会进行能量的传递。如果能量发生了形式上的转变，机器就会产生运动和力，而分析计算这些运动和力的任务就交给了工程师。通过分析力和能量的变化可以确定机器中各个相关部件的尺寸、形状和所使用的材料，这是机械设计的本质。

设计者在设计机器零件时，一定要清楚是设计哪一种零件，在功能与性能方面都依赖于哪些零部件；所以要进行整机设计，而不是仅仅设计一个单独的零件。这时就必须用到动力学、材料力学等知识。

2.3.1　机械设计的目标

机械设计的目标，就是通过设计将机器各个零件的形状、尺寸及制作材料确定下来，再选择合适的制造工艺，使机器能够实现提前设定好的功能而不至于出现失效的情况。要想做到这一点，设计人员必须预测和计算出零件的失效条件，并在了解这些条件以后采取有效的设计措施，以防止其出现失效情况；而要想了解这些条件，设计人员就要对零件进行变形及应力分析。应力不仅是惯性力及外载荷的函数，还是零件几何形状的函数，因此要在经过了力分析、力矩分析、动力学分析后再去计算变形及应力。

对于没有运动零件的机械来说，其设计过程往往是比较简单的，因为这样的机械设计做静力学分析即可；但是没有运动零件的机械就不能称作机械，仅能称它为结构。如果机械是缓慢运动的，那么就可以不考虑它的加速度，只须进行静力学分析；反之，则必须进行动力学分析。

在机械设计的初始阶段往往会陷入两难的境地，因为在零件的尺寸及形状还没有确定前，就已经确定好了机械运动的过程。外界作用在机械上的载荷被称为外载。有时候很难预测机械的外载，这种情况下，设计者就可以从为设计目的而做的实际测试中收集到对经验数据进行统计分析的信息。

此外，假如清楚运动加速度，但并不知道运动零件质量的大小，那么运动零件所产生的惯性力也就暂时无法确定，此时应采取的有效手段就是迭代获取，也就是不断重复或者是返回运动零件之前的状态。对此，还要进行一些实验设计，在制作出实验装置以后通过该装置的质量特性进行受力分析，再利用其横截面的形状去计算应力。在设计过程中，最有难度的是对机械载荷的确定。假如确定了载荷，应力就可以非常容易地被计算出来。

2.3.2 机械设计的流程

机械设计的流程如图 2-1 所示。

图 2-1 机械设计的流程

1.确定设计任务

在对设计工作进行确定之前要经过详细的调研，调研主要包括以下五点内容：第一，了解设计工作的市场前景；第二，进行与设计工作相关的理论研究及成果应用；第三，了解设计专利、技术等情况；第四，了解在制造方面的客观条件（如技术、设备等）及生产经验；第五，了解使用者的要求和想法，以及其他方面的要求。然后根据上述内容进行调研，在做好调研的基础上确定设计任务并形成具体的设计任务书。

2.编制设计任务书

设计任务书主要包括三点内容：首先是设计任务的要求，其次是机械的功能、工况要求及其他要求，最后是设计任务的工作量和工期。

3. 技术设计

技术设计就是把机械的总体方案设计简图演变成具体的结构装配图。

技术设计阶段要做的是对机械的动力学及运动学进行分析；对动力机的类型、功率等进行明确；对机械传动装置的总传动比及各级传动比的分配进行确定；对受载零件要承受或是要传递的载荷进行计算；对受载零件应力的类型、大小及方向进行确定；对机械零件失效的程度加以判断；选定机械零件所要使用的材料；计算机械零件的几何尺寸及参数；绘制整个机器的装配草图；绘制机械各部件的装配图及整个机器的总图。

4. 绘图

为制作机械而绘图时，要按草图→总图→零件图→装配图的顺序进行。

在绘制草图的过程中，设计者的头脑中往往已经通过思考有了很多有用的信息，然后通过更加深入的思考和不断探讨将草图绘制出来。但只有草图是不能将实物制作出来的，还要根据草图绘制出总图，在总图中体现实物图，因此在总图中要将制作时所需要的有用信息标示清楚。

绘制总图的过程中若遇到问题，就要再次返回草图阶段重新思考，只有经过多次反复地思考、绘制才能得到最佳总图。要注意的是，总图和装配图并不是一种图。

为大型机械设计的总图往往比较复杂，其通常会将总图分为框图、部分总图、整体总图等。在绘制总图时，一定要从能够看清楚实物的视角绘制主视图，然后在主视图上将尺寸信息标注清楚。

绘图时要注意以下几点要求：①画出主视图、侧视图等主要视图；②标注尺寸、配合要求；③标明表面粗糙度；④按装配时的顺序来标注零件编号；⑤绘制零部件标题栏及明细表；⑥编写技术要求。

对于零件图的绘制，要从实物整体出发，对零件的强度、刚度、质量、成本等条件进行综合考虑，再对零件的材料、尺寸、结构等进行确定，还要考虑技术条件是否具备，以保证顺利绘制出零件图。总而言之，零件图应该包括多方面内容：如局部放大图、剖视图等重要的视图肯定是必不可少的；同时要包括零件的尺寸、材料、数量等信息；另外，有些难以用符号、图形表示的文字性的技术条件与要求也应该在零件图中标示出来。

绘制装配图就是将还没有实际制作的单个零件在纸面上进行装配作业。在这一作业中，假如发现了不良情况或是出现了某些矛盾，就可以在零件加工前对设计内容进行更改。装配图绘制好以后，一定要将尺寸标注清楚，零部件的明细表及标题栏也要绘制清楚。

设计工作中的各个部分往往是和整体密切相关的，因此，以上介绍的设计任务书势必和技术设计及零件图是相互影响、有关联的。在以后的设计工作中，它们也必将相互配合并交叉进行，还有可能出现反复进行的情况。

经过以上设计过程，可以获得一套完整的图纸，这套图纸包括多种类型的图纸，如总布置图、总装配图、零件图、传动系统图、电气系统图等。另外，还要配有两份说明书及各种明细表，说明书包括设计说明书和使用说明书，明细表则包括相关的标准件、规格件、图纸编号等。

2.4　机械设计的基本内容

机械设计研究的是机器与机构的基本理论、零件和部件的设计方法。机器与机构的基本理论，进一步划分为机构的组成原理、机构的运动分析与综合、机构的运动几何学及机械动力学。零件和部件的设计方法分别研究了机械传动、连接件、轴系零部件，以及机械零件结构设计的设计原理。

（1）机构的组成原理。机构的组成原理研究机构组成的一般规律（运动副类型与数目、构件类型与数目以及它们之间的运动与约束关系）和机构创新设计的类型优选。在机构组成原理的研究中，应用了网络分析、螺旋坐标算法等数学方法。

（2）机构的运动分析与综合。机构的运动分析与综合研究的是机构运动分析的方法，如矢量方程图解法、杆组法、复数矢量法、矩阵法等；研究机构运动尺度的综合，包括函数生成机构、轨迹再现机构、刚体导引机构、共轭曲面机构、瞬心线机构的综合等；研究机构的尺度类型与其性能的图谱或函数关系。通过机构的运动尺度综合，确定机构中每个杆件的长度；通过机构的运动分析，了解机构的输入、输出关系（如位移、速度、加速度等）及传动性能。

（3）机构的运动几何学。机构运动尺度的综合研究机构是在一些特定的有限分离位置上准确或精确地满足设计要求的机构综合方法；机构的运动几何学则是研究机构在一些特定的无限接近位置上满足设计要求的机构综合方法，即研究使机构的某些参数及其高阶导数都能符合设计要求的机构综合方法。速度瞬心、欧拉－萨弗里公式、拐点、鲍尔点、布尔梅斯特尔点等为机构的运动几何学设计提供了理论与方法。

（4）机械动力学。机械动力学研究机构的动力分析（外力与惯性力分析）、动力学响应（机构在外力、惯性力作用下的真实运动规律）及机构的动平衡原理与方法。通过机械的动力学分析，能确定机械的输入、输出功率，确定运动副中的支承反力，调节机器的速度波动，降低整个机器对机架作用的惯性力和惯性力矩。

（5）机械传动。机械传动主要研究齿轮传动、蜗杆传动、螺旋传动、带传动、链传动等的基本设计理论与方法，以及受力分析、失效形式分析、强度设计计算准则、选型与结构设计问题，并研究这些传动的计算机程序设计方法。

（6）连接件。通过介绍螺纹连接、链连接、花键连接、销连接、无键连接的各种形式结构特点、应用和主要参数，来研究这些连接件的受力分析、失效形式与强度计算及各种连接件的选用等内容。

（7）轴系零部件。轴系零部件研究轴的结构设计、强度、刚度和稳定性计算方法，介绍滚动轴承的主要类型和结构特点，研究滚动轴承的主要失效形式、计算准则、寿命计算及组合设计，研究滑动轴承的类型、结构、特性和材料，研究非液体润滑滑动轴承、液体动压润滑滑动轴承、液体静压润滑滑动轴承的设计计算方法，介绍常用联轴器、离合器、制动器的结构、特点及选用原则，研究密封原理、密封系统以及静密封、动密封的结构与密封装置的设计。

（8）机械零件结构设计。机械零件结构设计主要是研究机械零件结构方案的基本原则、原理以及设计技巧。该领域涉及对机械零件结构的工艺性和合理性进行深入分析，旨在提升零件的强度和刚度。此外该研究还包括了确保机械零件结构符合安全标准、人机工程学原则、美观要求的方法，同时着重于减少机械噪声和轻化腐蚀影响的设计策略。

2.5 机械设计的方法及新发展

通常来说，可以将机械设计的方法分为两种类型，一种是机械传统设计方法，另一种则是机械现代设计方法。下面本书将对这两种类型的设计方法进行简述。

2.5.1 机械传统设计方法

在机械传统设计中，通常有以下三种设计方法。

（1）理论设计。它指的是通过长时间的研究与实践得到相关理论与实验数据后进行设计的方法。在这种设计中所进行的计算可以分为两种，一种是设计计算，另一种则是校核计算。设计计算就是指在掌握了零件材料特性、载荷等情况的基础上通过理论公式对零件尺寸及形状进行计算，如齿轮强度的设计计算。校核计算则是通过实验、类比等方法对零件的尺寸和形状进行初步的确定，再利用相关公式进行精准核对，如转轴强度的校核计算。因为通过理论设计所获取的结果比较可靠，所以对于重要的零部件往往都会采用这一种设计方法。

（2）经验设计。它指的是设计者基于自己的经验或是通过经验公式，利用类比的方式进行设计的方法。通常在设计一些次要零件时（如螺钉或理论不够成熟且不需要太高深理论的零部件），往往会采用该方法。

（3）模型实验设计。它指的是把想要设计的零件制作成小的模型，把想要设计的机器按比例制作出小的样机，然后通过实验来检验其特性，再根据检验结果对设计进行改进，从而获得更加完美的设计零件与机器的方法。在设计一些尺寸较大或者是结构较为复杂的零件时往往会采用这一种设计方法。

2.5.2 机械现代设计方法

随着科技的进步、社会的发展以及生产力的不断增长，机械现代设计方法应运而生。机械现代设计方法融合了当前的先进技术与方法，形成了多元化的科学体系。它与机械传统设计方法相比更加具有创造性、综合性及探究性，促使机械设计打破传统设计方法的制约，迎来了具有突破性的大变革。当前有多种机械现代设计方法，常见的方法主要有以下六种。

（1）优化设计。它指的是基于最优化原理建立合适的数学模型，再利用最优的数学方法，通过人机配合或是自动搜索的方式，用计算机的计算程序进行设计，再选出最优设计方案的设计方法。近些年，设计师还将优化设计与模糊设计、可靠性设计等结合起来形成了一些新颖的设计方法。

（2）计算机辅助设计（CAD）。计算机具有运算速度快且准确、存储量大、逻辑功能强等特点，该设计方法正是利用了计算机的这些特点对设计信息进行处理，同时通过人机对话完成设计任务。CAD 系统主要由科学计算、图形系统以及数据库三部分组成。CAD 系统结合计算机辅助制造（CAM）可得到 CAD/CAM 系统。

（3）机械可靠性设计。它指的是把概率论、数理统计、失效物理及机械学结合在一起的设计方法。其主要特点是，将机械传统设计方法中视为单值而实际上具有多值性的设计变量（如载荷、应力、寿命等）当作服从某种分布规律的随机变量，用概率统计方法设计出符合机械产品可靠性指标要求的零部件和计算整机的主要参数和结构尺寸。

（4）机械系统设计。它指的是应用系统观点来完成产品设计的设计方法。传统设计往往会将焦点放在机械内部系统的设计中，并且十分重视对于零部件特性的改进，而很少注重零部件之间或者是内、外部系统间的相互作用与相互影响。与之相反，机械系统设计遵循系统的观点，注重各个子系统之间的相互作用、协调配合，从而使整个系统的功能都呈现出最佳状态。

（5）机械动态设计。它指的是以机械产品的动载工况、设计准则及性能要求为依据，通过动力学方法多次进行分析计算、优化、实验的设计方法。这一设计方法的基本思路：将所要设计的机械产品当成不清楚其内部情况的黑箱子，仔细观察黑箱子的外部情况，并对观察到的信息与其周围的信息联系其功能进行分析，然后得出机械产品的动态特性参数并对其构造与机理进行进一步探求。

（6）有限单元法。该方法是将零件、结构等连续的介质当成是由若干节点连接若干小块组成的，先通过每个小块确定的差值函数，将内部各点的位移或应力用元素节点的位移或应力来表示；再基于介质整体的协调关系建立、联立方程组，这一方程组要包含全部节点；最后对该方程组进行求解。如果元素足够"小"，那么所获得的解就会是极为精准的。

2.5.3 未来机械设计方式的发展方向

1.未来机械设计环保性提升

机械产品的环保性设计主要是指，在当前可持续发展战略的引导下，机械设计也应充分利用各种能源及资源，使设计出来的机械产品可以更加符合低耗减排的环保要求。要想实现这一目标，就需要在进行机械产品设计之前，先将环保理念作为设计标准和前提，在保证产品质量和各项功能齐备的基础上，利用新兴技术和能源实现产品的节能减排，以减少在运行过程中对环境造成的污染或破坏。在设计阶段引入环保设计理念不仅是现代机械设计发展的必然方向，还将是未来所有行业发展的共同趋势。

2.未来机械设计自动化方式

随着我国现代化信息技术的不断创新和发展，新兴技术手段不断更新，智能化和自动化的设计方式被广泛应用于各个领域；在此背景下，未来的机械设计也将出现较为成熟的自动化设计理念及方法。使用信息技术进行机械产品的自动化设计，也是未来机械设计的必然发展趋势。充分利用信息技术，将智能化和机械产品进行充分融合，利用信息技术对相关数据信息进行统计、整合和分析，可以设计出性能更好的机械产品。区别于人工设计方式，自动化设计方式出现误差的可能性更低，设计出的产品性能更好，也更值得信赖。同时，应用自动化设计方式，有助于推动人机结合的发展进程，有益于提高数据分析的效率，有利于增强机械产品设计的科学性和严谨性。

3.未来机械设计定量计算方式

机械设计方式在未来的发展中，可以通过利用新的技术手段，使用更加精确的计算方式及计算工具，对机械产品的零部件进行更为准确的计算，由此得到的零部件尺寸及刚度等也能更好地满足机械产品在应用过程中的需求，从而有效地提高机械产品的应用水平。同时，将通过这种方式得到的零部件应用在机械产品中，可以有效增强机械产品在设计过程中的规范性，这进一步提高了机械产品质量。在我国现阶段的机械产品设计活动中，仍然有一部分设计者在沿用经验类比法，虽然这种机械设计方式具有一定的便捷性，但是设计出来的产品很容易在应用阶段出现问题，所以对传统设计方式进行创新已经迫在眉睫。

2.5.4　产品智能化下的机械设计方法

前面已经提到未来机械设计方式之一是智能化和自动化。在此，主要对产品智能化下的机械设计方法与应用进行分析。

1. 智能化产品的功能和特征

（1）功能。在当今的时代发展阶段，智能化产品得到消费者广泛应用和关注的主要原因是其自身有独特的功能。产品智能化可以为人们的日常生活提供诸多便利，比如应用智能化产品能够缓解人们的工作压力，人们不需要再将全部精力放在产品工作中，而是可以集中精力参与到更加重要的环节中；而且智能化产品的安全性能非常高，比较符合人们的要求。

（2）特征。智能化产品的基本特征有以下四点。

①智能化特征。一般来讲，智能化体现在环境和运行环节，比如温湿度和照明灯亮度的调节等。

②网络化特征。智能化产品主要是借助互联网技术来共享和交流信息的，应用通信技术高效整合、运输及储存数据可以确保产品的整体质量。

③减少成本输出特征。智能化产品除了可以自动操作不同的部件，自身还有着较强的使用性能，能够减少成本输出。

④节能性特征。和节能性特征相符的为交互式智能控制。交互式智能控制是指应用不同传感器对外界动态进行相应的信息控制。

2. 产品智能化下的机械设计方法

（1）创建系统功能模块。系统功能模块是由诸多方面相互组合而成的，具体涉及知识库模块和推理机模块。

首先对知识库模块进行论述，该模块主要是通过 Data Access Oby 组建程序与知识库连接到一起的，其功能表现为可以让整个智能化系统自主访问知识库。知识库管理方面是由机械库和传感库管理两个方面组成的，在全面管理这两个方面的基础上达到管理智能化电气产品信息的目的。推理机模块的作用是为用户提供准确的数据和参数，遵循有关的思维规律和知识进行控制和调整。推理模块包括机构元推理机设计，它一般是以机构组合、并联组合和串联组合等方面为主进行设计的，应用该方式可以获取机构元；此外，还有传感器推理机模块，传感器推理机模块包括传感器推理机的设计和实现。

（2）创建数据系统。在对智能化电气产品进行设计的过程中，首要便是设计和创建数据库，数据库属于一个系统，融合了知识定义、数据信息和技术。在创建数据库的过程中，需要先制定数据库模型，这是因为数据库模型质量直接影响着整个数据库的操作性能。数据库模型的种类繁多，有层次模型、网状模型和关系模型等。

（3）电气产品故障智能化检测。无论是何种类型的产品均会遇到故障问题，以往单一的机械检测方式是应用人工方式进行观察和检验以了解问题所在，或者是从尺寸测量及通电检测等方面找寻故障来源，但是该检测方式有一定的缺陷，所获取的数据也不准确。对此，可以采取智能化检测方式。

智能化检测工作主要包括以下两个方面。

①做好电气产品故障方面的智能化检测工作，降低电气产品在运行期间出现各项故障问题的概率。从实际情况来看，我国的智能化检测技术水平虽然比较低，但是处理相对简单的故障还是可行的，并且可以通过该方式帮助用户明确电气产品故障运行期间存在的问题，加深对于电气产品故障的了解，为后期解决故障、制订完善措施提供相应帮助。

②智能检测电气产品运行情况，设计该流程的实质目的是防止电气产品在运行期间发生异常现象，因此加大对该项工作的监督力度是很有必要的。一旦检测不到位，必定会影响电气产品质量的提高。

（4）电气产品工作状态的智能化控制。在电气产品运行期间进行智能控制，可以将整个机械设备的运行效果体现出来，比如减少多余的工作时间，通过缩短时间来提高工作效率。通过分析来看，采用智能化控制方式可以增强电气产品整个阶段的稳定性，在减小冲击力的基础上降低振荡出现的概率，所以面对不同的控制流程时，应该应用与之相符的智能化控制策略。

（5）电气产品运行状态检测的智能化控制。当前阶段，要想降低电气产品运行期间出现问题的概率，就需要做好电气产品运行状态的检测工作，该项工作属于非常重要的环节，直接影响着智能化电气产品性能的发挥。运行状态检测能使电气产品的自动化和高效化优势逐渐凸显出来，并促使整个运行阶段变得越来越安全和稳定。

3.智能化设计目标

智能化电气机械设计目标可以根据不同的智能化程度划分为三种级别，分别是总任务级、子任务级和动作级，具体如图 2-2 所示。从图 2-2 中可知，智能化电气机械设计目标包括以下三个方面。

（1）总任务级，相当于智能化电气机械的大脑，负责对全部的子任务级进行控制。

（2）子任务级，属于智能化电气机械中非常重要的执行部分，主动指导各个子任务开展工作。

（3）动作级，属于智能化电气机械的低级部分，由人进行控制。

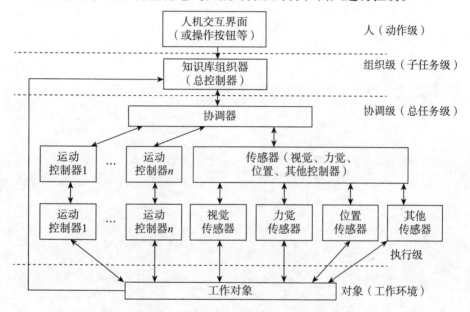

图 2-2　智能化电气机械设计目标图

第3章　常用机械机构与设计

3.1　平面连杆机构与设计

3.1.1　平面连杆机构简述

构件间的相对运动都属于平面运动，而仅通过低副连接的机构叫作平面连杆机构。

连杆机构的构件基本上都是杆状结构，有些虽然不是杆状结构，但是在绘图时也可以将其大致看成是杆状结构，所以将其简称为杆。根据构件数量的不同可以将其分为两种：如果低副机构具有 4 个构件，就叫作铰链四杆机构；如果低副机构的构件数量多于 4 个，就叫作多杆机构。后者往往都是在前者的基础上扩展而来的。因为低副是面接触，所以非常耐磨；再加上回转副的接触面是圆柱面，移动副的接触面是平面，故制造起来非常简单方便，并且容易得到较准确的制造精度，所以在很多仪器与机械中都经常会用到平面连杆机构。但是连杆机构也有诸多不足，如低副中有间隙，会造成运动的误差；同时，连杆机构的设计也较复杂，且对于运动规律比较复杂的不容易准确实现。

3.1.2　铰链铰链四杆机构简述

1. 铰链铰链四杆机构的设计

构件间用 4 个转动副相连的平面铰链四杆机构简称为铰链铰链四杆机构（图 3-1）。杆 1 叫作机架，是固定不动的，杆 2、杆 4 叫作连架杆，杆 3 叫作连杆；连架杆与机架相连，而连杆不与机架相连。在连架杆中能绕固定轴线整周回转的构件称为曲柄，只能在某一角度范围内摆动的构件称为摇杆。

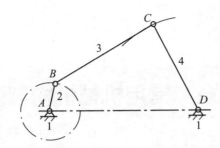

1—机架；2—连架杆；3—连杆；4—连架杆。

图 3-1　铰链铰链四杆机构

2.铰链铰链四杆机构的基本类型及应用

在铰链铰链四杆机构中，根据连架杆运动形式的不同，可将其分成以下三种类型。

（1）曲柄摇杆机构。在铰链铰链四杆机构中，如果两连架杆是由曲柄和摇杆组成的，那么该铰链四杆机构叫作曲柄摇杆机构。图 3-1 中的杆 2 就是曲柄，杆 4 则是摇杆。其中一杆是主动件，那么另一杆就是从动件。大多数情况下都是曲柄进行等速转动，摇杆进行变速往复摆动。

如图 3-2（a）所示的脚踏缝纫机传动装置及图 3-2（b）所示的搅拌机传动装置均为曲柄摇杆机构。

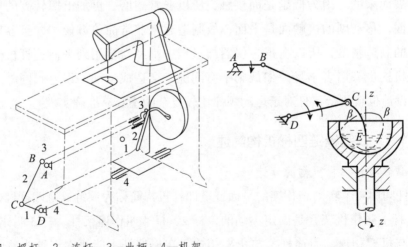

1—摇杆；2—连杆；3—曲柄；4—机架。

（a）脚踏缝纫机传动装置　　　　　　（b）搅拌机传动装置

图 3-2　曲柄摇杆机构的应用

（2）双曲柄机构。在铰链铰链四杆机构中，两连架杆都是曲柄的铰链四杆机构叫作双曲柄机构。

在图 3-3 中，机构 ABCD 就是双曲柄机构。当主动曲柄 1 等速转动 1 周时，从动曲柄 3 变速转动 1 周，使筛子 5 加快回程速度，以实现惯性筛选的目的。

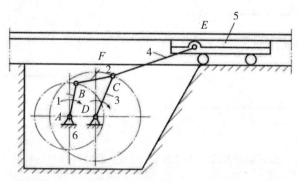

1—主动曲柄；2—连杆；3—从动曲柄；4—连杆；5—筛子。

图 3-3　惯性筛机构

在双曲柄机构中，如果主动曲柄等速转动，那么从动曲柄通常会进行变速转动。但是如果连杆和机架在长度上是一致的，两曲柄长度与转向也是一致的，两曲柄的角速度也相同，这就形成了平行四边形机构［图 3-4（a）］。若连杆和机架的长度一致，两曲柄长度也一致，但是转向相反，则是逆平行四边形机构［图 3-4（b）］。平行四边形机构两曲柄的方位是一致的，转向相同，角速度也相同；逆平行四边形机构的转向相反，角速度也是不一样的。

车门启闭机构（图 3-5）就是采用的逆平行四边形机构。从图 3-5 中可以看出，左车门和右车门分别和曲柄 AB、CD 连成一个整体，由气缸（图中未画出）推动曲柄 AB 转动。打开或是关上左车门时，连杆 BC 及曲柄 CD 就会一同朝相反的方向转动，这样就能确保左车门与右车门同时打开和关闭。

平行四边形机构中的连杆可以一直做平动运动，天平就是其应用实例（图 3-6），它可以保证天平两端的托盘一直处于水平位置。

如果四杆都处于一条直线上［图 3-4（c）］，从动曲柄 CD 就可能朝两个相反的方向转动，运动方向不确定。要想改变这种情况，可利用从动曲柄本身的质量或附加飞轮的惯性作用予以导向，也可用辅助构件组成多组相同机构，使它们在不同时间处于运动不确定位置，如图 3-4（d）所示。

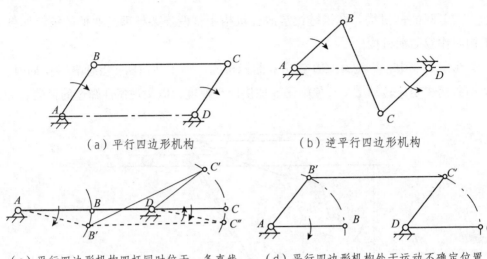

（a）平行四边形机构　　　　　（b）逆平行四边形机构

（c）平行四边形机构四杆同时位于一条直线　（d）平行四边形机构处于运动不确定位置

图 3-4　双曲柄机构

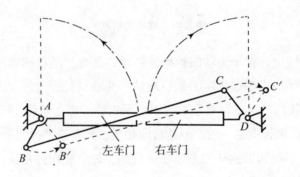

图 3-5　车门启闭机构

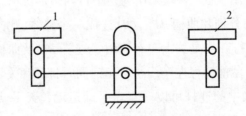

1—天平托盘；2—天平托盘。

图 3-6　天平

（3）双摇杆机构。在铰链铰链四杆机构中，两连架杆都是摇杆的铰链四杆机构叫作双摇杆机构。

图 3-7 是飞机起落架机构。飞机准备着陆时，机翼 4 就会将着陆轮 1 放出来；起飞以后，空气阻力减小，机翼 4 就会将着陆轮收回。这些动作由主动摇杆 3 通过连杆 2、从动摇杆 5 带动着陆轮而实现。

在双摇杆机构中，两摇杆长度一致的机构叫作等腰梯形机构，图 3-8 是其应用实例。在车转弯的过程中，与 2 个前轮固连的两摇杆摆动的角度 β 和 δ 不相等。若在任何位置上，2 个前轮轴线的交点 P 都会落在后轮轴线延长线上，则车身绕点 P 转动时，4 个轮子都会在地上滚动，以防止轮胎因滑动而出现损伤。等腰梯形机构可以大致满足这一要求。

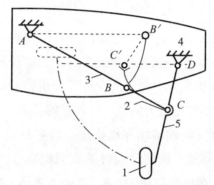

1—着陆轮；2—连杆；3—主动摇杆；

4—机翼；5—从动摇杆。

图 3-7　飞机起落架机构

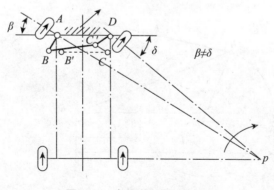

图 3-8　车辆前轮转向机构

3. 铰链铰链四杆机构的特点

（1）铰链铰链四杆机构属于连杆机构，构件间做相对运动的部分是面接触的，因此单位面积的压力并不大。此外，低副构造不易磨损，因此使用年限也会更长一些，在传递较大动力时比较适用，如锻压机械、动力机械等。

（2）两个构件的接触面是简单的几何形状，便于制造，制造的精度也会更高一些。

（3）构件间的相互接触是依靠运动副元素的几何形状来保证的，无须另外采取措施。

（4）运动副中存在间隙，难以实现从动件精确的运动规律。

3.1.3 铰链铰链四杆机构曲柄存在的条件

在铰链铰链四杆机构中，允许两连接构件做整周相对转动的转动副称为整转副。曲柄是通过整转副与机架相连的连架杆，而摇杆则不是通过整转副与机架相连的连架杆。三种基本类型的铰链铰链四杆机构的根本区别在于，两连架杆是否为曲柄，而两连架杆是否为曲柄又与各杆的长度有关。

在如图 3-9 所示的铰链铰链四杆机构中，设各杆长度分别为 a、b、c、d，AD 为机架。由图 3-9 可知，机构运动时 B 点只能以 A 点为中心，做以 a 为半径的圆周或圆弧运动。在机构运动中，B、D 两点连线 f 的长度是会变化的，其中 $B'D = a + d = f_{max}$、$B''D = d - a = f_{min}$。若连架杆 AB 能做整周转动，则机构在运动过程中 $\triangle BCD$ 的形状是不断变化的，且必定存在 $\triangle B'C'D$ 和 $\triangle B''C''D$ 两种形态。

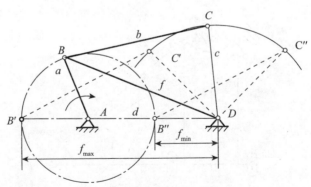

图 3-9 铰链铰链四杆机构

根据三角形任意两边之和必大于（极限情况等于）第三边，在 $\triangle B'C'D$ 中应有

$$b+c \geqslant f_{\max}$$

即

$$b+c \geqslant a+d \tag{3-1}$$

在 $\triangle B''C''D$ 中应有

$$b+f_{\min} \geqslant c$$

$$c+f_{\min} \geqslant b$$

即

$$b+d \geqslant c+a \tag{3-2}$$

$$c+d \geqslant b+a \tag{3-3}$$

将公式（3-1），（3-2），（3-3）两两相加

$$a \leqslant b$$

$$a \leqslant c \tag{3-4}$$

$$a \leqslant d$$

由公式（3-4）可知，欲使连架杆 AB 成为曲柄，则连架杆 AB 应为最短杆，即最短杆的两端才有可能具有整转副。又根据公式（3-1）和公式（3-3）可知，最短杆 AB 与其他三杆中最长杆的长度之和必小于或等于其余两杆长度之和，这一关系称为杆长之和条件。归纳起来，铰链铰链四杆机构有 1 个曲柄的条件为：①最短杆与最长杆之和小于或等于其余两杆长度之和；②最短杆为连架杆。

因为平面铰链四杆机构的自由度是 1，所以不管是将哪一杆当成机架，只要其中的可动构件位置是已知的，那么剩下的可动构件位置也就可以确定了。故不管将哪一杆作为机架，一致的相对运动关系都是可以实现的，这就叫作运动可逆性。基于这一原理，人们可以在铰链四杆机构中将不同的构件作为机架，以获得输出构件与输入构件间不同的运动特性，这一方法称为连杆机构的倒置。

可用以下两种方法来判断铰链铰链四杆机构的基本类型。

（1）若机构满足杆长之和条件，则有以下结论。

①以最短杆 AB 的邻边为机架时，它为曲柄摇杆机构，如图 3-10（a）所示。

②以最短杆 AB 为机架时，它为双曲柄机构，如图 3-10（b）所示。

③以最短杆 AB 的对边为机架时，它为双摇杆机构，如图 3-10（c）所示。

（2）若机构不满足杆长之和条件，则只能为双摇杆机构。

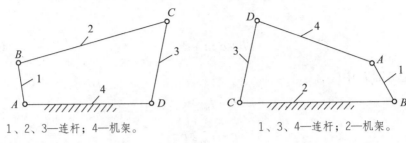

1、2、3—连杆；4—机架。　　　　　1、3、4—连杆；2—机架。

（a）曲柄摇杆机构

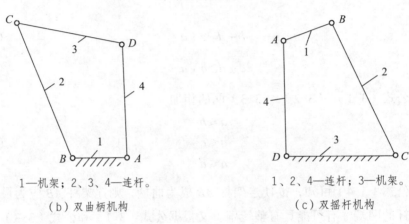

1—机架；2、3、4—连杆。　　　　　1、2、4—连杆；3—机架。

（b）双曲柄机构　　　　　　　　　　（c）双摇杆机构

图 3-10　连杆机构的倒置

3.2　凸轮机构与设计

3.2.1　凸轮机构简述

凸轮机构属于高副机构，主要由三部分组成：一是带有凹槽或是轮廓的凸轮，二是从动件，三是机架。在很多机械、控制装置及仪器中会经常用到这一机构。

1.凸轮机构的特点及应用

图 3-11 是内燃机的配气凸轮机构。其运行原理如下：当凸轮 1 转动时，在它的轮廓的驱动下，动件 2 就会出现往复移动，气门有规律开启时就会使可燃

气体进入气缸中，气门有规律关闭时就会排出废气。

图 3-12 为靠模凸轮机构，其功能是对机床上刀具的运动进行控制。凸轮 1 是被固定在机床上的，弹簧的压力会使滚子 2 与凸轮紧紧地挨在一起，如果托板 3 按照顺时针方向移动，凸轮的轮廓线会驱使滚子从动件 2 带动刀架切出手柄的复杂外形。

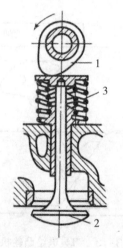

1—凸轮；2—气门；3—弹簧。

图 3-11　内燃机配气凸轮机构

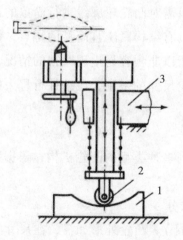

1—凸轮；2—滚子；3—托板。

图 3-12　靠模凸轮机构

图 3-13 是自动机床上的刀具进给凸轮机构，凸轮机构使刀架产生了复杂的运动规律。如果将这一运动进行细分，可分为四个主要步骤：一是刀具迅速接近工件；二是刀具对工件进行匀速切削；三是切削完毕后，刀具迅速归位；四是刀具在初始位置停歇等待。完成这四个步骤以后，就开始准备下一次的运动循环，通常凸轮旋转 1 周为 1 个运动循环。

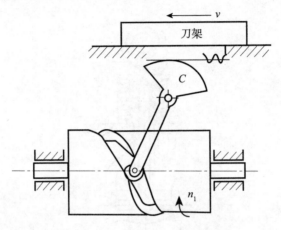

图 3-13 刀具进给凸轮机构

通过上面的实例可知，凸轮机构的作用主要是转换运动形式，凸轮连续转动或是移动的运动形式可以在凸轮机构的作用下转变为动件连续性或者是间断性地往复移动及摆动。只需对凸轮轮廓线进行简单的设计，就可以控制从动件的运动规律。凸轮机构具有结构紧凑且简易的特点，但是由于凸轮和从动件之间的接触是高副接触，所以非常容易出现磨损的情况，往往被用于受力小的场合中。此外，因为受凸轮尺寸的限制，在动件行程大的场合里，凸轮机构也不太适用。

2.凸轮机构的类型

在工程建设中会用到多种类型的凸轮机构，根据不同的标准，可将这些凸轮机构分成以下几种类型。

（1）按照凸轮的形状分。

①盘形凸轮（图 3-11）。凸轮外形如盘，在尺寸上，径向尺寸要比轴向尺寸大得多，且具有变化向径。当凸轮绕轴转动时，从动件也会在平面运动，这就是平面凸轮机构。盘形凸轮是基础的凸轮形式，应用范围也是非常广泛的。

②移动凸轮（图 3-12）。凸轮外形如板，做直线移动，其上方的轮廓线驱动从动件做预期运动。移动凸轮属于平面凸轮机构。

③圆柱凸轮（图 3-13）。凸轮外形为圆柱形状，其轮廓线会在圆柱体的凹槽中缠绕。圆柱凸轮可以看成是由移动凸轮演化而来的，属于空间凸轮机构。

（2）按照从动件的形状分。

①尖顶从动件。尖顶接触凸轮轮廓时，不管其轮廓线多么复杂，都是可以接触到的，这样就可以根据需求使从动件按照任意规律运动。但是在运动过程中，从动件的尖端容易受损，所以在低速的载荷较小的场合中比较适用。

②滚子从动件。铰接和从动件端部的滚子及凸轮轮廓接触时，滚子和凸轮轮廓间会产生滚动摩擦，但滚动摩擦的磨损情况不会太严重，所以适用于传递较大载荷。

③平底从动件。平底和凸轮轮廓线接触时，假如不考虑摩擦，凸轮对从动件产生的力会和平底一直保持垂直状态，因此这样的受力具有稳定性，且传动的效率也比较高。除此之外，平底和凸轮轮廓之间很容易产生油膜，该油膜可以起到一定的润滑作用，所以在高速场合比较适用，但是在内凹的凸轮轮廓情况下不可使用。

（3）按照从动件的运动形式分。

①移动从动件，如图 3-11 和图 3-12 所示，从动件做往复直线运动。

②摆动从动件，如图 3-13 所示，从动件做往复摆动运动。

（4）使凸轮与从动件始终保持接触时，称为锁合。根据锁合方式的不同，可分为利用重力、弹簧力或其他外力进行锁合的力锁合凸轮机构（图 3-11 和图 3-12）；依靠凸轮凹槽两侧的轮廓线或从动件的特殊构造使从动件与凸轮始终保持接触的锁合凸轮机构（图 3-13）；等等。

3. 凸轮机构设计的材料及结构

（1）凸轮和滚子的材料。凸轮与滚子的表面在硬度、接触强度及耐磨性上都要达到要求；对于经常受到冲击的凸轮机构，其芯部也要具备良好的韧性。凸轮和滚子的常用材料有 15、45、20Cr、40Cr、20CrMnTi 等，通过热处理以后，其性能会发生一定的改变，以满足不同需求。

（2）凸轮机构的结构。如果凸轮的轮廓与轴的直径尺寸相差不大，就可以制成一体的凸轮轴（图 3-14）；反之则要分开制造，通过键、销（图 3-15）等方式进行连接。利用螺栓、销将滚子与从动件连接起来，或直接将滚动轴承作为滚子（图3-16）。

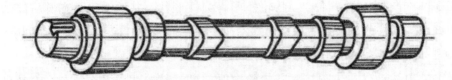

图 3-14　凸轮轴

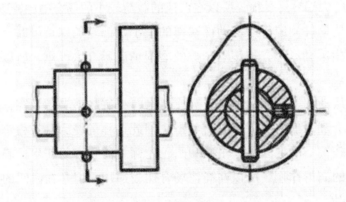

图 3-15　凸轮与轴采用销连接

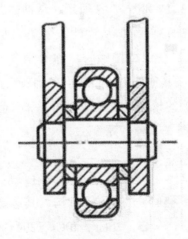

图 3-16　将滚动轴承作为滚子

3.2.2　凸轮机构的特性分析

1.凸轮机构的运动分析

在凸轮机构中，凸轮轮廓线对从动件的运动起决定性作用。轮廓线会驱使从动件按照特定规律进行运动；反过来说，要想使从动件按照不同的规律进行运动，凸轮就需要安装不同的轮廓线。所以在设计凸轮机构时，往往会基于工作的实际需求去设计或者是选择从动件的运动规律，然后根据这一运动规律进行凸轮轮廓线的设计。

所谓从动件的运动规律，就是指从动件的位移 s、速度 v 和加速度 a 随时间 t 而变化的规律。当凸轮做匀速转动时，其转角 δ 与时间 t 为正比关系 $(\delta = \omega t)$，所以从动件的运动规律也可以用从动件的位移、速度、加速度随凸轮转角而变化的规律来描述，即 $s = s(\delta)$、$v = v(\delta)$、$a = a(\delta)$。通常把从动件的 s、v、a 随 t 或 δ 而变化的直角坐标曲线称为从动件的运动线图，它直观地描述了从动件的运动规律。现以如图 3-17（a）所示的对心移动尖顶从动件盘形凸轮机构为例，进行运动分析。

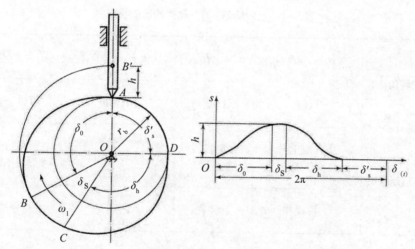

（a）对心移动尖顶从动件盘形凸轮机构　　　　（b）s-δ 线图

图 3-17　凸轮机构的运动分析

以凸轮轮廓的最小向径 r_b 为半径的圆称为凸轮的基圆，r_b 称为基圆半径。从动件在图中处于即将上升的起始位置，其尖顶与凸轮在 A 点接触。当凸轮以

匀角速度 ω_1 顺时针转动 δ_0 时，凸轮轮廓 AB 段推动从动件以一定的运动规律上升到最高位置 B'，这个过程称为推程，从动件移动的距离 h 称为升程，对应的凸轮转角 δ_0 称为升程角。当凸轮继续转动 δ_s 时，凸轮轮廓 BC 段的向径不变，故从动件停在距凸轮转动中心最远处不动，相应的凸轮转角 δ_s 称为远休止角。当凸轮继续转动 δ_h 时，凸轮轮廓 CD 段的向径逐渐减小，从动件在重力或弹簧力的作用下紧密接触凸轮轮廓，从而以一定的运动规律回到起始位置，这个过程称为回程，δ_h 称为回程角。当凸轮继续转动 δ_s' 时，凸轮轮廓 DA 段的向径不变，因此从动件停留在起始位置不动，凸轮转角 δ_s' 称为近休止角。当凸轮继续转动时，从动件重复上述运动。以直角坐标系中的横坐标表示时间 t 或凸轮转角 δ，以纵坐标表示从动件位移 s，以从动件的初始位置表示其位移的零点，绘制出其 s-δ 线图 [图 3-17（b）]，该图称为从动件的位移线图。根据从动件的位移线图，通过求微分，可绘制出其速度线图和加速度线图。

2. 从动件的基本运动规律

凸轮转角 δ 与从动件的运动状态见表 3-1。

表 3-1　凸轮转角 δ 与从动件的运动状态

凸轮转角 δ	$\delta_0 = \angle AOB$	$\delta_s = \angle BOC$	$\delta_h = \angle COD$	$\delta_s' = \angle DOA$
	升程角	远休止角	回程角	近休止角
从动件运动状态	从 A 点上升到最高位置 B' 点	在最高位置处静止不动	从最高位置 B' 点下降到起始位置 A 点	在最低位置处静止不动
	推程	远停程	回程	近停程

常见的从动件运动规律有等速运动、等加速等减速运动，它们的运动线图、特点及应用见表 3-2。

表 3-2　从动件的运动线图、特点及应用

运动规律	运动线图	特点及应用
等速运动		（1）其位移线图为直线； （2）从动件在推程或回程开始和终止的瞬间，速度有突变，其加速度和惯性力在理论上为无穷大，这致使凸轮机构产生了强烈的冲击、噪声和磨损，这种冲击为刚性冲击； （3）该运动规律只适用于低速、轻载的场合
等加速等减速运动		（1）其位移线图为二次抛物线； （2）加速度存在有限的突变，因而会在机构中产生有限的冲击，这种冲击称为柔性冲击。与等速运动规律相比，其冲击程度大为减小； （3）该运动规律适用于中速、中载的场合

3.2.3 影响凸轮机构工作的参数

当凸轮机构运行时，不仅要确保从动件按照设定的规律运动，还要重视机构在工作时的受力情况及结构是不是足够紧凑。会对这些产生影响的因素有多种，如压力角、滚子半径、基圆半径等。

1.压力角及其校核

图 3-18 中角 α 就是凸轮的压力角，这是在凸轮表面与从动件接触点 A 处从动件受力（F）方向与从动件运动方向的夹角。从动件受力方向和凸轮接触点的切线是相互垂直的关系。因为切线的方向是不一致的，所以接触点受力的方向也有所不同，各个接触点形成的压力角也在不断变化。

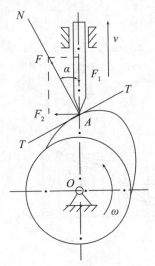

图 3-18　凸轮机构的压力角

作用于从动件的力 F 可分解成 2 个分力

$$\begin{cases} F_1 = F\cos\alpha \\ F_2 = F\sin\alpha \end{cases}$$

F_1 分力和从动件在运动方向上是一致的，F_1 分力是促使从动件运动的重要分力；F_2 分力方向和从动件运动方向是垂直关系，F_2 分力会对从动件的运动产生正压力，也是促使从动件出现摩擦受损情况的分力之一。很明显，压力角 α 越小，有效分力就越大，有害分力则越小；而压力角 α 越大，有害分力就越大，有效分力则越小。因为对运动规律有一定的要求，所以凸轮机构的压力角 α 不会特别小。但也要防止出现压力角 α 过大的情况，如果压力角 α 过大，除了会使有害分力变大从而增加摩擦损耗，严重的话还会出现机构自锁的问题。

为了确保机构可以正常工作，凸轮的最大压力角 α 有 1 个固定角度。通常规定

（1）移动从动件在升程时，$[\alpha]=30^{\circ}$。

（2）摆动从动件在升程时，$[\alpha]=45^{\circ}$。

（3）回程时，$[\alpha]=80^{\circ}$。

其中 $[\alpha]$ 是许用压力角。在绘制完凸轮轮廓线以后，就要核对压力角，不允许各点的压力角超过许用压力角 $[\alpha]$，即 $\alpha\leqslant[\alpha]$。

校核压力角的具体方法如图 3-19 所示。在凸轮轮廓线上取升程范围内曲率半径较大的点（视觉上比较陡的地方），在该点画上法线和从动件的速度方向线，两条线的夹角 α 就是这一点的压力角。通过比较发现，如果压力角比许用压力角大，就可以通过增大基圆半径，来达到减小压力角的目的。

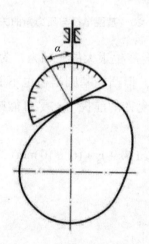

图 3-19　校核压力角的方法

2.基圆半径的选择

凸轮基圆半径的选择受下列因素的影响。

（1）基圆半径会对压力角的大小造成直接影响，进而影响凸轮的工作能力。如图 3-20 所示，同一个凸轮预选两种半径 r_{01}、r_{02} 的基圆，且 $r_{01}<r_{02}$，当凸轮转过 δ 角时，从动件的位移为 h。这两种基圆半径的压力角不同，即 $\alpha_{1}>\alpha_{2}$，也

就是基圆半径小的压力角比基圆半径大的压力角大。因此，为了提高凸轮传动的效率与性能，应该选取较小的压力角，也就是基圆半径要大一些。

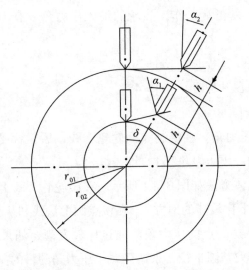

图3-20　基圆半径与压力角的关系

（2）凸轮机构在运转时会产生很大的压轴力，为了使传动的刚度得到提高，凸轮支撑轴的半径要大一些，但凸轮基圆半径也不能太小。通常为了使凸轮机构更加紧凑，会在传动刚度允许的前提下，尽可能减小凸轮基圆半径。具体设计可按下列经验公式确定

$$r_0 \geqslant 1.8r + r_g + (6 \sim 10 \text{ mm}) \tag{3-5}$$

式中：r_0——凸轮基圆半径；

　　　r——凸轮轴半径；

　　　r_g——凸轮从动件滚子半径。

3. 滚子半径的选择

在凸轮机构中，滚子从动件的应用范围是较为广泛的，传动性能也会受到滚子半径的直接影响，所以对滚子半径的选择是非常重要的。

在选择滚子半径之前，要对滚子半径 r_g 与凸轮理论轮廓线的曲率半径 ρ_{min} 和凸轮实际轮廓线曲率半径的关系有深入的了解。如图3-21（a）所示，凸轮外凸部分理论轮廓线曲率半径是 ρ_{min}，实际轮廓线曲率半径是 $\rho' = \rho_{min} - r_g$，这时实际轮廓线是较为圆滑的曲线；如图3-21（b）所示，滚子的包络线有一部分因

互相干涉而变尖，实际轮廓线曲率半径不再能满足上述等式，而是 $\rho_{min} < r_g$，这种轮廓线将使从动件在变换运动方向时产生冲击和被极快磨损，是不可取的。

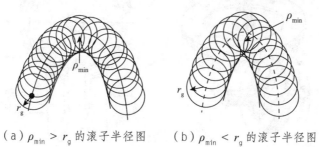

（a）$\rho_{min} > r_g$ 的滚子半径图　　（b）$\rho_{min} < r_g$ 的滚子半径图

图 3-21　滚子半径的选择

一般取 $r_g = (0.1 \sim 0.5)r_0$，然后校验：$r_g \leqslant 0.8\rho_{min}$。这样不仅会获得好的传力性能和强度，还可以使凸轮升程轮廓线及回程轮廓线之间的过渡弧变得圆滑。

3.3　间歇运动机构与设计

3.3.1　间歇运动机构概述

在许多机械中，常需要某些构件来实现周期性的运动和停歇，如自动机床的刀架转位和进给运动、自动化生产线中的输送运动、牛头刨床的横向进给运动等都是间歇性的。能将主动件的连续运动转换成从动件周期性间歇运动的机构称为间歇运动机构。

对于间歇运动，很多机构都是可以做到的，比如，盘形凸轮机构主要是通过凸轮休止角所对应的轮廓线实现从动件的停歇的；圆柱凸轮机构［图3-22（a）］是以凸轮圆柱面上的螺旋状沟槽、蜗杆凸轮机构［图3-22（b）］是以蜗杆凹形曲面上的凸脊推动从动轮上的圆柱销使其实现间歇转动的；在如图3-23所示的不完全齿轮机构中，主动轮上只有1个轮齿，从动轮上有8个轮齿，当主动轮转动1圈时，从动轮只转了1/8圈，实现了间歇回转运动。

间歇运动机构中有两种是应用范围比较广泛的，一种是棘轮机构，另一种是槽轮机构。接下来分别对这两种机构进行介绍。

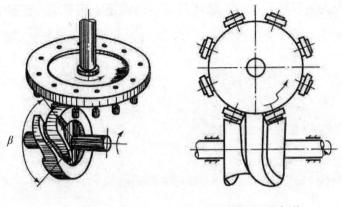

（a）圆柱凸轮机构　　　　　　（b）蜗杆凸轮机构

图 3-22　圆柱凸轮机构和蜗杆凸轮机构

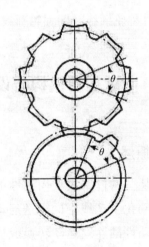

图 3-23　不完全齿轮机构

3.3.2　棘轮机构的设计

1.棘轮机构的组成和工作原理

外啮合棘轮机构如图 3-24 所示，主要由从动棘轮 1、主动棘爪 2、摇杆 3、止回棘爪 4 和机架组成，弹簧 5 的作用是压紧棘爪与棘轮，使它们紧密贴合。棘轮连接轴用键，摇杆 3 上连接主动棘爪 2，O_1ABO_2 为曲柄摇杆机构。当摇杆 3 逆时针摆动时，主动棘爪 2 插入从动棘轮 1 的齿间，推动其同向转过一定角度；当摇杆 3 顺时针摆动时，止回棘爪 4 会防止棘轮反转，此时棘轮不动，主动棘爪 2 从棘轮齿面上滑过，然后进入从动棘轮 1 的另外一个齿间。这样就实现了将主动棘爪 2 的往复摆动转换成从动棘轮 1 的周期性单向间歇运动。

要想调节棘轮机构的转角，可采用以下两种方法：一是改变摇杆的摆角，这样就能对棘轮的转角进行调节；二是在棘轮上加遮板，通过改变遮板位置来遮住棘爪的部分棘齿，以改变棘爪调节棘轮的实际转角。

2.棘轮机构的类型、特点及应用

根据结构形式的不同，棘轮机构可以分为齿式棘轮机构和摩擦式棘轮机构。

（1）齿式棘轮机构。如图 3-24 所示的齿式棘轮机构是靠棘爪与棘轮轮齿之间的作用实现间歇运动的。这种机构的优点在于结构紧凑、转角准确、运动可靠，且转角在特定范围内可进行有级调节；不足之处在于磨损严重，冲击力和噪声都比较大，所以在高速场合中并不适用。

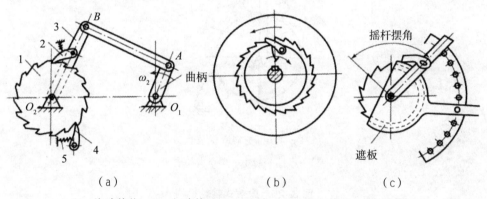

1—从动棘轮；2—主动棘爪；3—摇杆；4—止回棘爪；5—弹簧。

图 3-24　齿式棘轮机构

（2）摩擦式棘轮机构。摩擦式棘轮机构如图 3-25 所示。以 2 个偏心模块 2、4 代替齿式棘轮机构中的主动棘爪和止回棘爪，以摩擦轮 3 代替从动棘轮，杆 1 摆动时，依靠偏心模块与摩擦轮之间的摩擦力来实现周期性的间歇运动。该机构可以对摩擦轮转角进行无级调节，且运动时非常平稳且没有噪声；但要注意的是，如果发生了打滑的情况，就会导致转角的角度不够精确，所以该机构更适用于低速轻载的场合。

除了上面所说的根据结构形式的不同进行分类，还可以根据啮合方式的不同进行分类：一是主动棘爪，二是模块安装在从动件外部的外啮合式［图 3-24

（a）和图 3-24（c）］，三是安装在从动棘轮内部的内啮合式［图 3-24（b）］。其中第二种的应用最为广泛，第三种则具有尺寸小、结构紧凑的特点。

此外，根据从动件不同的运动方向，也可以将棘轮机构分为两种类型，一种是单向式，另一种是双向式。在双向式棘轮机构中（图 3-26），棘轮可进行双向间歇运动。随着摇杆 1 的往复摆动，当棘爪 2 在实线位置时，棘轮 3 沿逆时针方向做间歇转动；当棘爪 2 翻转到双点画线位置时，棘轮 3 沿顺时针方向做间歇转动。双向式棘轮一般采用对称齿形。

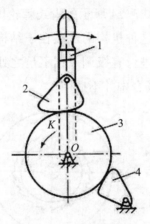

1—杆；2—偏心模块；

3—摩擦轮；4—偏心模块。

图 3-25　摩擦式棘轮机构

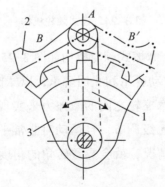

1—摇杆；2—棘爪；3—棘轮。

图 3-26　双向式棘轮机构

在各种机床及自动机的转位和进给机构中会经常用到棘轮机构。图 3-27 为自动线上的浇筑输送装置中的棘轮机构，改变活塞的行程，可调节棘轮转角。图 3-28 为起重设备中的棘轮止动器，在提起重物时，棘轮会沿逆时针的方向转动，棘爪从棘轮齿背上滑过；如果想让重物固定在某一位置，就要在棘轮齿间插入棘爪，以防止棘轮因重力而发生转动。

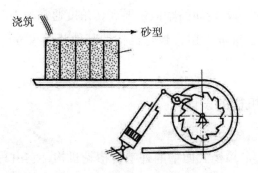

图 3-27　浇筑输送装置中的棘轮机构

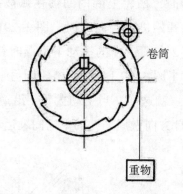

1—活塞；2—棘轮。

图 3-28　起重设备中的棘轮止动器

3.齿式棘轮机构的主要参数及几何尺寸

（1）棘轮齿数 z。棘轮齿数 z 可根据所要求的棘轮最小转角来确定。

轻载时，齿数 z 可取多些，最多达 250 齿；载荷较大时，齿数 z 应取少些，通常取 8 ～ 25 齿。

（2）棘轮齿距 P。棘轮齿距 P 是棘轮相邻两齿的齿顶圆上对应点之间的弧长（mm）。

（3）棘轮模数 m。与齿轮类似，棘轮也以模数 m 来衡量棘齿的大小，即 $m = P / \pi$。

常用标准模数：1 mm、1.5 mm、2 mm、2.5 mm、3 mm、4 mm、5 mm、6 mm、8 mm、10 mm 等。

（4）棘轮齿面倾角 φ。齿面倾角 φ 就是棘轮齿面和径向线所成的夹角。为了使棘轮在被推动的过程中能够一直与齿面相接触，并且可以滑向齿根，就一定要保证倾角 φ 比棘爪与棘轮间的摩擦角要大，角度通常为 $10° \sim 15°$。

在确定了参数 z 和 m 以后，棘轮机构的其他几何尺寸的计算可参考《机械设计手册》。

3.3.3 槽轮机构的设计

1.槽轮机构的组成和工作原理

图 3-29 为典型的单销式四槽的外啮合槽轮机构，它由具有圆销的主动拨轮 1、具有径向槽的槽轮 2 及机架组成。主动拨轮 1 做逆时针等速连续转动，当圆销 A 未进入槽轮的径向槽时，槽轮上的内凹锁住弧被拨轮外凸的锁住弧锁住，槽轮静止不动；当圆销 A 开始进入径向槽时［图 3-29（a）］，其内、外锁住弧开始失去锁住作用，槽轮 2 在圆销 A 的拨动下沿顺时针方向转动；当拨轮转到圆销 A 开始脱离径向槽时［图 3-29（b）］，槽轮因另一个锁住弧又被拨轮外凸的锁住弧锁住而静止不动。就这样，当主动拨轮 1 沿逆时针方向以 ω_2 做等速连续转动时，槽轮 2 沿顺时针方向做周期性的单向间歇运动。

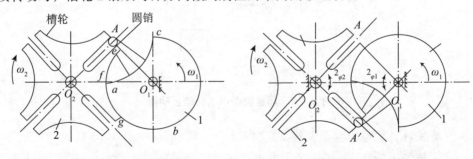

（a）圆销 A 开始进入径向槽　　　（b）圆销 A 开始脱离径向槽

1—主动拨轮；2—槽轮。

图 3-29　单销式外啮合槽轮机构

2.槽轮机构的类型、特点及应用

在槽轮机构中有两种形式较为常见，一种是外槽轮机构，另一种是内槽轮机构，其主要用于传递平行轴间的间歇运动。外槽轮机构主、从动轮转向相反（图 3-29）；内槽轮机构主、从动轮转向相同（图 3-30）。在传动方面，内槽轮机构要比外槽轮机构更加平稳，且停歇时间短，结构也更为紧凑。

根据拨轮上圆销的数目，槽轮机构还可分为单圆销式和双圆销式，分别如图 3-30 和图 3-31 所示。双圆销式外啮合槽轮机构的拨轮每转 1 周，槽轮就会被拨动 2 次。

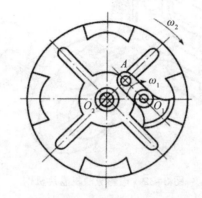

图 3-30　单圆销式内啮合槽轮机构

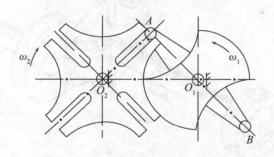

图 3-31　双圆销式外啮合槽轮机构

槽轮机构的结构比较简单，所以便于制作，机械效率较高，转位平稳且迅速，正是由于它有诸多优点，才被广泛使用。不过其也存在不足之处，即转角不仅无法调节，也不能太小，且在开启和关闭时会产生一定的冲击力，冲击力的大小则是由转速决定的，所以在高速场合并不适合使用这种机构。

通常在转速不高的仪表或自动机中会使用槽轮机构。图 3-32 是电影放映机卷片机构，拨盘每转动 1 圈，槽轮就转动 1/4 圈，胶片会跟着移动，并且在一个画面上停留一段时间。如果连续转动拨盘，胶片就会在槽轮的带动下重复间歇运动，由于人眼具有视觉暂留特性，所以人所看到的画面将会是连续的。

图 3-33 是六角车床刀架转位机构，槽轮有 6 个径向槽，槽中的刀架可以装 6 把刀具，拨轮每转动 1 圈，驱动槽就会带动刀架跟着转动，使下一道工序的刀具转到工作位置上。

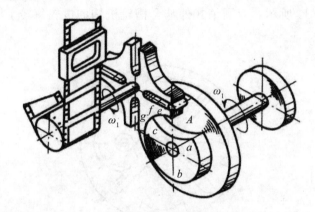

图 3-32　电影放映机卷片机构

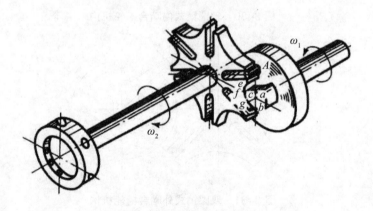

图 3-33　六角车床刀架转位机构

3.4　常用机械零部件设计

3.4.1　轴和联轴器

在工程机械中，经常用到的轴系零部件有轴、联轴器、离合器三种，这些部件都是机器中不可或缺的。轴的主要功能是支撑旋转零件，同时传递动力，如齿轮、带轮及联轴器等。联轴器和离合器都属于标准件，其功能是使轴和轴之间实现接合与分离。联轴器的作用是把这 2 个轴连起来，当机器运行的时候，这 2 个轴是不可以分开的，只有关闭机器以后将连接拆除，才能分开这 2 个轴。离合器是可使这 2 个轴随时接合或分离的装置。离合器的主要功能是用来操纵机器传动系统的断续，以便进行变速及换向等操作。

1. 轴的分类与材料

（1）轴的分类。轴有多种分类方法，可根据轴承受载荷的情况及轴线形状进行分类。

①基于不同的承受载荷，可以把轴分成三种类型：第一种是转轴，这种轴不仅承受了弯矩，还承受了转矩；第二种是心轴，这种轴仅承受弯矩而不承受转矩或者转矩非常小，另外，根据心轴是否被固定，还可将其分成固定心轴以及转动心轴；第三种是传动轴，传动轴主要承受转矩，不承受弯矩或承受弯矩的可以忽略不计，如汽车的传动轴就是通过 2 个万向联轴器将发动机转轴和汽车后桥相连，用来传递转矩。

②基于不同的轴线形状，也可将轴分成三种类型：第一种是直轴，第二种是曲轴，第三种是挠性轴。直轴又可分成光轴、阶梯轴及空心轴。光轴加工起来比较容易，但是轴的应力集中源少，所以在固定轴时有较大的难度。阶梯轴是比较常见的，且不管是零件的定位还是零件的固定都是比较容易的，但是轴的应力集中源比较多，所以加工过程较为复杂。另外，如果根据工作要求，需要降低轴的质量，可以将其改成空心的形式。曲轴属于专用的零件，往往会在一些复式的机械中用到。挠性钢丝轴是由几层钢丝层构成的，在旋转运动及转矩传递时可以非常容易地将其传递到任何位置。挠性轴经常被用于医疗器械中，直轴是机械传动中应用较多的轴。

（2）轴的材料。设计轴时一定要注意对于材料的选择，一般会选用碳素钢、合金钢两种材料。

碳素钢有 35、45、50 等优质中碳钢，这些中碳钢的机械性能都很不错，所以得到了广泛应用，其中应用较为广泛的是 45 号钢。基于不同的机械性能需求，可以通过正火或是调质的方法来改变碳素钢的性能。如果所要制作的轴在受力方面的要求不是很高或轴不重要，就可以选择普通碳素钢，如 Q235、Q275 等。

合金钢的机械性能非常好，价格也相对便宜一些，经常会用于有特殊要求的轴的制作中。比如高速轴就经常会用到 20Cr、20CrMnTi 等低碳合金钢，合金钢制作出来的轴经渗碳淬火后会变得更加耐磨；但是有一点需要注意，钢的种类及热处理并不会对其弹性模量产生很大影响，所以要想提高轴的刚度，采用合金钢或通过热处理的方式是无济于事的；另外，合金钢对应力集中有比较高的敏感度，所以要尽可能在设计时注意合金钢对应力集中的控制，使其表面更为光滑。

轴的毛坯有时会用圆钢，有时会用锻件，抑或是用铸钢或球墨铸铁来制造结构复杂的轴，比如利用球墨铸铁制造的曲轴就有诸多优点，不仅成本低、强度高，还有很不错的吸振性能。表 3-3 列出了轴的常用材料及其主要机械性能。

表 3-3　轴的常用材料及其主要机械性能

材料牌号	热处理方法	毛坯直径/mm	硬度HBS/MPa	抗拉强度极限/MPa	屈服强度极限/MPa	弯曲强度极限/MPa
Q235A	—	—	—	440	240	200
Q275	—	—	190	520	280	220
35	—	—	143～187	520	270	250
45	正火	100	170～217	600	300	275
45	调质	200	217～255	650	360	300
40Cr	调质	100	241～286	750	550	350
35SiMn 45SiMn	调质	100	229～286	800	520	400
40MnB	调质	200	241～286	750	500	335

材料牌号	热处理方法	毛坯直径/mm	硬度HBS/MPa	抗拉强度极限/MPa	屈服强度极限/MPa	弯曲强度极限/MPa
35CrMo	调质	100	207～269	750	550	390
20Cr	渗碳淬火回火	60	52～56 HRC	350	400	280
QT600-3	—	—	190～270	600	370	215
QT800-2	—	—	245～335	800	480	290

2.轴的结构设计

轴的设计主要包括对其结构的设计和强度的计算。在设计轴的过程中要基于工作需求去确定制造的工艺，正确选择合适的材料，然后对其结构进行初步设计，再计算其强度，得出最终需要的尺寸与形状。

对轴的结构进行设计的主要目的是保证轴在尺寸与形状上都是合理的，是可以满足工作要求的。在设计的过程中可从以下几个角度进行考虑：第一，满足装配工艺要求，也就是说轴在加工及安装拆卸方面都应该是较为简单的；第二，满足零件定位与固定要求，轴及轴上面的零件的工作位置都应该是准确的，每个零件都应该是相对固定且可靠的；第三，满足结构工艺性要求；第四，满足强度要求，比如减少应力集中等。

（1）装配工艺要求。轴在装配工艺方面的要求是要便于轴上面各零件的装拆。一般轴会被做成阶梯轴，也就是中间宽大、两边慢慢变窄小的形状，这样在拆或装轴上面的零件时会更加容易。从轴的左端依次装拆齿轮、套筒、左端滚动轴承、轴承端盖和带轮，从右端装拆另一个滚动轴承。轴端部和各段轴的端部加工出倒角，便于轴上零件的导入与装配。

（2）零件定位与固定要求。轴及轴上面的零件都应该有特定的工作位置，且要固定可靠。轴上零件的定位与固定有周向和轴向定位与固定两种。

①轴上零件的轴向定位与固定。轴上零件的轴向定位与固定的主要方法如下。

---

a. 轴肩或轴环：阶梯轴上截面变化处叫作轴肩或轴环，宽度上的差异是轴肩与轴环的最大区别。轴肩和轴环都能够帮助零件轴向定位，并且它们在结构上非常简单，同时可以承受非常大的轴向力。若零件的端面与轴肩或轴环平面接触良好，则应使零件孔口处的圆角半径或倒角 C 大于轴上圆角半径 r。在图 3-34 中，A、B 间的轴肩使带轮定位；轴环 E 使齿轮在轴上定位；F、G 间的轴肩使右端滚动轴承定位与固定。

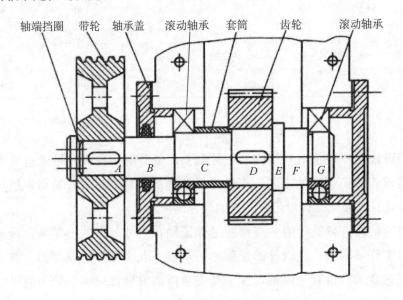

图 3-34　单级齿轮减速器的高速轴

b. 套筒：有的零件会使用套筒进行定位，如图 3-34 中的左端滚动轴承就采用了套筒 C 定位。套筒定位具有结构简单可靠、轴向载荷大的优点，但是在高转速场合中是不适用的，因此其经常会被应用在轴上两边距离较短的场合中，并且还要考虑其自身定位问题。

c. 圆螺母或双圆螺母：在有的情况下如套筒过长不能满足要求时，就可以采用圆螺母或双圆螺母。这种定位方法十分可靠，并可承受较大的轴向载荷，但轴上的螺纹和退刀槽会极大削弱轴的强度。用圆螺母定位时，要考虑其防松问题，通常可加止动垫片来避免。止动垫片主要用于轴端零件的固定。

d. 圆锥面：在轴端部也可用圆锥面定位。用圆锥面定位的轴和轮毂之间无径向间隙，且装拆方便，能承受冲击，但圆锥面的加工难度较大。

e. 弹性挡圈或挡板：图 3-35 中的弹性挡圈结构简单、紧凑，能承受的轴向载荷较小。挡板定位通常用于轴端，它可承受较大的轴向载荷，如图 3-36 所示。

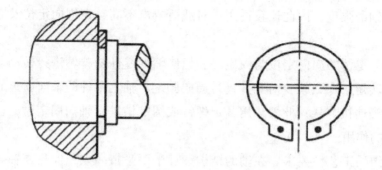

图 3-35　弹性挡圈定位

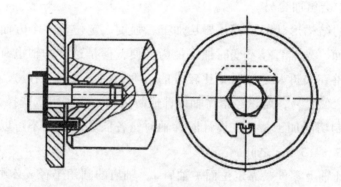

图 3-36　挡板定位

　　f. 紧定螺钉：如图 3-37 所示的紧定螺钉定位结构简单，常用于光轴等承受轴向载荷小或不承受轴向载荷的场合。

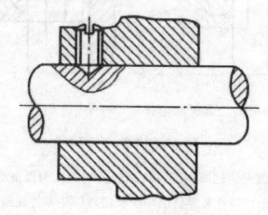

图 3-37　紧定螺钉定位

g.圆锥销：在进行轴向定位时也可采用圆锥销，它的结构比较简单，但会严重影响轴的强度，因此比较适用于对载荷要求不高且有周向定位及固定要求的场合。

②轴上零件的周向定位与固定。要想使轴上零件随着轴进行转动，同时传递运动及转矩，那么就要对零件进行周向固定。轴上零件的轴向固定通常采用键、花键等连接方式；此外，用紧定螺钉或圆锥销进行轴向固定时，也可起到周向固定的作用。

（3）结构工艺性要求。在轴的结构设计中要坚持一点，即只要轴可以满足工作中的使用要求，就要尽可能将其形状与尺寸设计得简单一些，这样在以后的加工过程中会更加容易。

对于轴的结构形状的设计，要从加工、强度、定位等多个方面去考虑。首先在加工方面，光轴直径不变时加工最为方便，但是这样的轴也有弊端，就是轴上面的零件在装拆及定位时是比较难的。阶梯轴不仅加工容易，而且轴上零件好装拆、定位容易，所以经常将轴设计成阶梯轴。为了可以选择合适的圆钢，并且有效控制切削加工量，在设计阶梯轴时，各段轴的直径不可以差太多，通常会控制在 5 ～ 10 mm 之间。

为了保证轴上零件紧靠定位面（轴肩），轴肩的圆角半径 r 必须小于相配零件的倒角 C_1 或圆角半径 R，轴肩高度 h 必须大于 C_1 或 R，如图 3-38 所示。

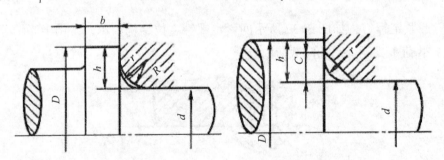

（a）轴肩圆角半径及高度示例图 1　　（b）轴肩圆角半径及高度示例图 2

图 3-38　轴肩的圆角半径及高度

在采用套筒、螺母、轴端挡圈进行轴向固定时，为保证套筒、螺母或轴端挡圈能紧靠零件端面，应把装零件的轴段长度做得比零件轮毂短 2 ～ 3 mm。轴上各键槽应开在轴的同一母线上，若开有键槽的轴段直径相差不大，应尽可能采用相同宽度的键槽。

需要磨削的轴段，应留有砂轮越程槽，如图 3-39（a）所示；需要切制螺纹的轴段，应留有退刀槽，如图 3-39（b）所示。与滚动轴承相配合的轴颈直径应符合滚动轴承内径标准，有螺纹的轴段直径应符合螺纹直径标准。为装配方便，轴端应加工出倒角，如图 3-39（c）所示；过盈配合零件装入端常加工出导向锥面，如图 3-39（d）所示。

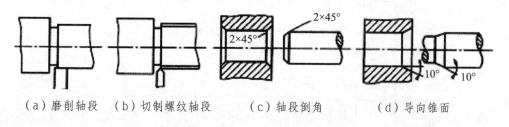

（a）磨削轴段　　（b）切制螺纹轴段　　　（c）轴段倒角　　　　（d）导向锥面

图 3-39　轴的结构工艺性要求

轴这种零件是没有特定标准的，往往会根据使用要求进行有针对性的设计，所以轴的结构是五花八门的。在设计轴时有一点要注意，就是轴要符合结构工艺性要求。

（4）强度要求，即减少应力集中及改善受力状况要求。零件的截面若发生改变，就会出现应力集中的情况，从而使材料的强度降低。所以在设计轴的结构时，必须尽可能减少应力集中。对此，在截面的变化位置可以使用圆角来过渡，且圆角的半径要大一些。

另外，在进行结构设计时，为了提高轴的强度，可以通过改善受力状况及改变轴上零件的位置等方法来实现。在如图 3-40 所示的起重机卷筒的两种方案中，图 3-40（a）的结构是大齿轮和卷筒连成一体，转矩经大齿轮直接传递给卷筒，卷筒轴只承受弯矩而不传递转矩；而图 3-40（b）的结构是大齿轮和卷筒不连成一体，卷筒轴除承受弯矩外，还要承受转矩。由于承受的载荷不同，在起重相同质量的重物时，图 3-40（a）所示结构的轴径较小，方案较好。当动力由两轮输出时，若将输入轮布置在两输出轮中间如图 3-41（a）所示，可减小轴上转矩，此时的最大转矩 T_1 较小；而在如图 3-41（b）所示的布置中，轴的最大转矩较大，为 $T_1 + T_2$。

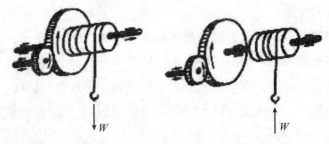

（a）大齿轮和卷筒连成一体　　（b）大齿轮和卷筒不连成一体

图 3-40　起重机卷筒的两种方案

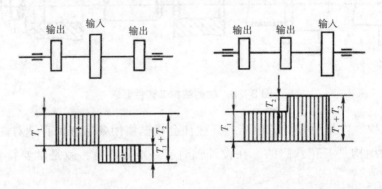

（a）输入轮在两输出轮中间　　（b）输入轮不在两输出轮中间

图 3-41　改善受力状况

3.轴的强度计算

轴的计算除了强度计算及刚度计算，还要对高速运转轴的振动稳定性进行校核。轴的强度计算应根据轴的承载及应力情况采用合适的计算方法。

轴的强度计算常用方法有剪切强度计算方法、弯扭合成强度计算方法和安全系数法三种。

有的转轴不仅会承受弯矩，还会承受转矩，对于这样的轴第一步就是要对作用于轴上的转矩与弯矩进行确定，再利用力学公式进行计算。但是在大部分情况下可能只知道扭矩，而2个支点之间的跨距、轴的载荷等信息都不清楚，所以也就无法确定弯矩的大小；因此在计算轴的强度时，如果不清楚弯矩，就可以先根据转矩大致计算一下，再去设计结构，确定轴的尺寸，然后按照量得的弯矩进行计算。这里仅介绍剪切强度计算方法，其他计算方法可参考有关轴的设计资料。

剪切强度计算方法适用于只传递转矩的传动轴的强度计算，也可用于轴的初步计算。对于圆截面轴，其强度计算应满足以下条件

$$\tau = \frac{T}{W_t} = \frac{9.55 \times 10^6 \frac{P}{n}}{0.2d^3} \leqslant [\tau] \tag{3-6}$$

由公式（3-6）可推导出轴的直径设计公式：

$$d \geqslant \sqrt[3]{\frac{9.55 \times 10^6 P}{0.2[\tau]n}} = C\sqrt[3]{\frac{P}{n}} \tag{3-7}$$

式中：τ——切应力；

　　　T——轴所受的转矩；

　　　W_t——轴的抗扭截面系数；

　　　n——轴的转速；

　　　P——轴所传递的功率；

　　　d——轴的直径；

　　　$[\tau]$——许用切应力；

　　　C——材料系数。

C 是根据轴材料的许用切应力而确定的系数，具体数值可查表3-4。

表3-4　常用轴材料的许用切应力 $[\tau]$ 和材料系数 C

轴材料	Q235、20	35	45	40Cr、35SiMn
$[\tau]$ / MPa	12 ~ 20	20 ~ 30	30 ~ 40	40 ~ 52
C	135 ~ 160	118 ~ 135	106 ~ 118	98 ~ 106

利用公式（3-7）能够得到轴的直径，通常会将其当成轴所承受转矩段的最小直径。结合这个直径尺寸和结构设计应满足的基本要求，进行轴的初步结构设计。当轴上开有键槽时，会对轴的强度有所削弱，故应加以补偿。通常情况下，开 1 个键槽，轴径应增大 3% ~ 5%；开 2 个键槽，轴径应增大 7% ~ 10%，然后将结果圆整为标准数值。

3.4.2 滚动轴承

1. 滚动轴承概述

在轴系零部件中，滚动轴承是应用较广泛的零件之一，其主要通过各元件之间的滚动接触来支撑回转零件。目前大部分的滚动轴承是趋于标准化的，工厂会生产和制造出很多规格的轴承。和滑动轴承相比，滚动轴承的旋转精度高、启动力矩小、选用方便。学习滚动轴承时要了解以下两个方面的内容：一方面要清楚滚动轴承的应用特点，且要正确选择轴承的尺寸及类型；另一方面应在考虑轴承安装、配合、润滑、调整等多方面的前提下进行组合设计。

（1）滚动轴承的基本结构和材料。滚动轴承通常是由内圈、外圈、保持架以及滚动体这四部分组成的。内圈会装配轴颈，外圈则会装配轴承座孔，因此，轴颈转动时，内圈也会随之转动。外圈会装在机座或是零件轴承孔中用来固定位置，但也可用于外圈回转内圈不动或者是内圈、外圈同时回转的场合中。内圈和外圈都有滚道，当内圈与外圈旋转时，滚动体就会沿着滚道运动。设置保持架，就是为了沿着滚道将滚动体隔开，防止因滚动体碰撞到一起而出现磨损的情况。滚动体主要有两种类型，一种是球，另一种是滚子。滚子还可分成多种类型，如圆柱滚子、圆锥滚子、滚针等。

滚动轴承的内圈、外圈及滚动体，往往会用耐磨性好、强度高的轴承钢GCr15制造，它的硬度HRC经热处理后为61～65，同时工作表面需要磨削和抛光。通常会对轴承元件进行回火处理，所以如果轴承工作时的温度低于120℃，就无法降低元件硬度。轴承保持架基本上都是用低碳钢板制成的，但也会用到塑料、铜合金等材料。

（2）滚动轴承的特点。滚动轴承包括以下优点：摩擦力小、功率消耗低、效率高、润滑和安装拆卸简单、互换性好、结构紧凑、质量轻、轴向尺寸小、转速快、使用年限长、可以批量生产等。正是由于优势明显，所以滚动轴承被广泛使用；但是滚动轴承也有一些不足之处，如抗冲击能力弱、径向尺寸较大、在高速中噪声大。因为如今已经可以批量生产滚动轴承，所以熟悉标准及正确选择就是主要任务。

2. 滚动轴承选择原则

在选择滚动轴承时，第一步就是了解滚动轴承的各种类型，然后根据实际需求选择所需的类型，选择类型时要考虑诸多因素，如载荷条件、方向、性质、偏位角、转速、工作环境、经济性等。在选择滚动轴承的过程中需要遵循以下原则。

（1）载荷条件。合理选用轴承的前提就是要充分了解轴承的受力特点。选择轴承类型时的主要依据是其承受的载荷的方向、大小及性质。载荷小且平稳，要选择球轴承；载荷大且冲击力强，要选择滚子轴承；如果只承受轴向载荷，最好选用推力轴承；假如只承受径向载荷，就可选用圆柱滚子轴承；如果轴承受到径向及轴向两种载荷，就要选用角接触球轴承，轴向载荷越大，应选择接触角越大的轴承，必要时也可选用径向轴承和推力轴承的组合结构。

（2）轴承的转速。如果轴承的尺寸及精度是一致的，那么从极限转速上看，球轴承要高于滚子轴承，因此，在对转速及精度有较高要求的场合中，最好选用球轴承。如果工作转速高、轴向载荷较小，就可使用深沟球轴承或是角接触球轴承。对于转速高的轴承，要求滚动体施加于外圈滚道的离心力较小，故适合选用外径和滚动体直径都较小的轴承。若工作转速超过轴承的极限转速，可通过提高轴承的公差等级、适当加大径向游隙等方法来满足工作条件的要求。

（3）调心性能。轴承内圈与外圈的轴线之间存在偏位角，偏位角的角度具有极限值，超过极限值就会使轴承的附加载荷变大，从而影响其使用年限。对于安装精度低且刚度较差的轴系来说，偏位角大的适合选用调心球轴承（1 类）、调心滚子轴承（2 类）等调心类轴承。

（4）经济性。在使用要求得到满足的前提下要选用更加经济的轴承，也就是要对比轴承的价格。通常球轴承的价格要比滚子轴承的价格低一些，且精度高的轴承的价格一般都要高一些。若尺寸与精度相同，则深沟球轴承是最划算的。如果没有特殊的精度及尺寸等要求，选择普通精度的轴承即可；如果对精度要求很高，就要选择精度较高的轴承。

当然还有很多其他特殊要求，所以在设计时一定要综合分析和比较，然后选用最佳的滚动轴承类型。

3. 滚动轴承的组合设计

滚动轴承安装在机器设备上时，它与支承的轴和轴承座（机体）等零件之间的整体关系称为轴承部件的组合。为了确保滚动轴承可以正常运转，不仅要对轴承的尺寸及类型进行合理选择，还要对轴承进行组合设计。在设计组合结构时，轴承的固定、调整、安装与拆卸、密封等内容都要综合考虑在内。

（1）滚动轴承的固定。固定滚动轴承轴向就是为了避免轴的轴向因为工作而发生窜动的情况，并确保轴上零件的工作位置都是确定的。对轴承进行固定的方式主要分为以下两种。

①两端单向固定。这种固定方式的不足之处是比较明显的，因为2个支点都会被轴承盖固定，所以当轴受热伸长时，轴承也会受到附加载荷的影响，从而缩短其使用的年限。这种固定方式仅仅在温度不高且轴较短（跨距$L \leq 400$ mm）的场合中适用；而且在固定时，轴承的外圈和轴承盖间要留出一定的间隙C，以满足轴承受热后的伸长需要。

②一端双向固定、一端游动。如果工作中温度比较高且轴较长（跨距$L > 400$ mm），轴在热膨胀下的变化会非常大，即便是留出了间隙也是于事无补的。在这种情况下就可以设置游动支点，采用一端双向固定、一端游动的支承方式。如图3-42（a）所示，轴承左端的内圈与外圈都是双向固定的，用来承受双向的轴向载荷，称它为固定端；右端为游动端，选用深沟球轴承时内圈做游动端，外圈自由，且在轴承外圈与端盖之间留有适当的间隙，使轴承随轴颈进行轴向游动，以满足轴的伸长和缩短需要。如图3-42（b）所示，游动端选用圆柱滚子轴承时，该轴承的内、外圈都要双向固定。通常在温度变化大且轴比较长的场合中更加适用这种结构。

通常轴承会使用轴肩或是套筒来固定位置，轴承内圈的轴向固定应根据轴向载荷的大小选用如图3-43所示的轴用弹性挡圈、轴端挡圈、圆螺母、紧定衬套等结构；外圈则采用如图3-44所示的轴承座孔的孔用弹性挡圈与凸肩、止动环和轴承盖等形式固定。

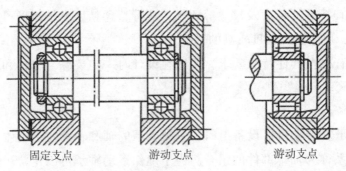

固定支点　　　　　游动支点　　　　　　　　游动支点

（a）深沟球轴承做游动端　　　　（b）圆柱滚子轴承做游动端

图3-42　一端双向固定、一端游动的轴系

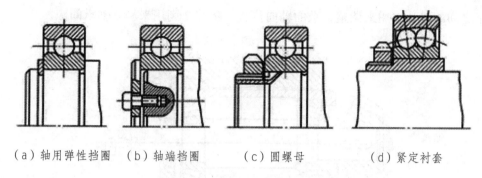

（a）轴用弹性挡圈　　（b）轴端挡圈　　　（c）圆螺母　　　　（d）紧定衬套

图 3-43　轴承内圈常用的轴向固定方法

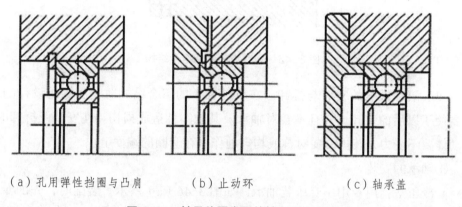

（a）孔用弹性挡圈与凸肩　　（b）止动环　　　　（c）轴承盖

图 3-44　轴承外圈常用的轴向固定方法

（2）轴承组合的调整。

①轴承间隙的调整。对轴承间隙的调整通常会采用以下两种方式：第一，改变端盖与箱体接合面间垫片的厚度，以达到调整轴承间隙的目的；第二，利用端盖上的调节螺钉改变可调压盖及轴承外圈的轴向位置来调整轴承间隙，调整后用螺母锁紧防松。

②滚动轴承的预紧。安装好滚动轴承之后，使滚动体和套圈滚道间处于适合的预压紧状态，称为滚动轴承的预紧。预紧可提高滚动轴承工作时的刚度和旋转精度。成对并列使用的圆锥滚子轴承、角接触球轴承及对旋转精度和刚度有较高要求的轴系通常都采用预紧方法，常用的预紧方法有在套圈间加垫片并加预紧力、磨窄套圈并加预紧力。

③轴承组合位置的调整。调整轴承组合位置的目的是使轴上零件如轮毂零件等具有准确的轴向工作位置。图 3-45 为圆锥齿轮轴承的组合结构，套杯与机

座之间的垫片 1 用来调整轴系的轴向位置，垫片 2 则用来调整轴承间隙。

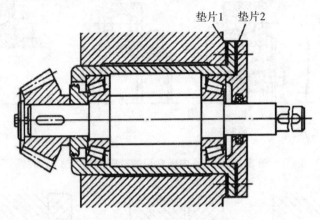

垫片1　垫片2

图 3-45　圆锥齿轮轴承组合结构

（3）滚动轴承的安装与拆卸。在设计轴承的组合结构时，注意所设计的结构要便于以后的装卸，并且不会对轴承及其他零件造成损伤。在安装及拆卸时，滚动体要不受力，装拆力要对称或均匀地作用在套圈的端面上。

①轴承的安装。

a.冷压法：用专用压套压装轴承，如图 3-46（a）所示。装配时，先加专用压套，再用压力机压入或用手锤轻轻打入。

b.热装法：将轴承放入油池或加热炉中加热至 $80 \sim 100$ ℃，然后将其套装在轴上。

②轴承的拆卸。应使用专门的拆卸工具拆卸轴承，如图 3-46（b）所示。

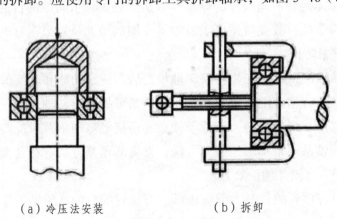

（a）冷压法安装　　　　　　　　（b）拆卸

图 3-46　轴承的安装与拆卸

　　设计组合机构时，要使轴上定位轴肩的高度小于轴承内圈的高度，这样在以后拆卸轴承时会更加方便。同样的道理，轴承外圈在套筒内也应留出适当的高度及拆卸空间，或采用其他便于拆卸的结构。图 3-47 为结构设计的错误示例，图 3-47（a）表示轴肩 h 过高，无法用拆卸工具拆卸轴承；图 3-47（b）表示套孔直径 d_0 过小，无法拆卸轴承外圈。

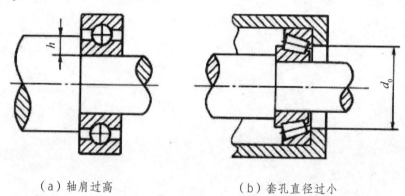

（a）轴肩过高　　　　　　　　　（b）套孔直径过小

图 3-47　结构设计错误示例

第4章 工程机械总体设计

4.1 工程机械产品设计思想与方针

为了满足日益变化的工程市场需求及工程建设的实际要求，人们不断地进行工程机械产品的设计与研发工作。要想使产品获得市场认可，就需要在前期进行大量有效的行业市场调研，充分考虑工程市场的各方面因素，只有在此基础上，才能掌握产品的设计方向，使产品符合市场需求。符合市场需求的重要标准之一是产品满足工程建设的要求，与此同时，还需要从产品维修、价格成本、产品质量、产品技术等方面进行综合考量。

通过采用先进的科学技术、原理与方法，对现代设计理论、方法加以综合运用，充分发挥设计者的创造性思维设计出的工程机械产品，能够符合市场发展需求与工程建设要求。首先，从产品设计方法上看，设计者对一系列现代设计方法与技术进行综合运用，诸如机电液一体化、工业设计、优化设计、可靠性设计、虚拟设计、模块化设计等，重视对各种原理的应用，包括人机工程、外观造型的艺术性、过程仿真、系统参数的优化、载荷的随机性与动态性等。从产品设计手段上看，设计者对虚拟现实技术和 CAD/CAM/CAE 技术进行广泛应用，促使制造系统与设计系统实现自动化与集成化，使产品设计成本得以降低，产品设计制造周期得以缩短，产品设计精度得以提高。

未来工程机械产品的设计将日益趋于智能化，基于大量数据信息采集、分析、整理与计算，再结合设计者的设计思路与构想，将产品的实体模型设计并展现出来，因此产品可以随着工作环境与工作对象状况的变化而调整自身的参数，从而提高工作效率。机器人技术在工程机械产品设计中的广泛应用，使得产品具有高度智能化的特征。

要想设计出一款令人满意的现代工程机械产品，需要在满足市场需求的基础上，对产品功能进行科学分析，通过综合运用创造性思维、逻辑思维及系统理论，形成具有一定创新性的新方案与新原理。在此过程中，需要强调产品设计方案的社会综合效益分析、技术经济性评价及产品功能的可靠实现。

工程机械产品设计工作的通用性方针如下。

（1）进行工程机械产品设计规划。

（2）进行工程机械产品选型时需要做大量的前期准备工作，具体涉及同类型产品的生产工艺调查、使用调查及市场调查，对样车进行全面的经济与技术分析、性能分析与结构分析。其中，产品的畅销度、美观度、经济性、实用性及技术的先进性应是新型工程机械产品的主要特征。

（3）在现有工程机械产品的基础上，对以往的工程机械产品参数加以比较、分析，保持产品优势，消除产品劣势，通过成熟可靠且先进的现有技术与结构，开发新型工程机械产品，并促使新型工程机械产品的设计能更好满足市场需求与工程建设要求。

（4）设计中应优先解决主要矛盾或关键问题，再依次解决方案中的其他问题和要求。通常方案需经过多次修正以满足各项要求。

（5）工程机械产品设计应当严格遵守国家法律法规、行业规范及设计标准，不得侵犯知识产权、损害他人利益。

（6）在工程机械产品设计过程中，尽量做到模块化设计、产品系列化、部件通用化、零件标准化。所谓模块化设计就是指将产品设计成由不同子模块组成的集合体，各个子模块具有不同或相同的功能，并且这些子模块在性能与规格上存在一定差异。为了将这些子模块连接在一起，需要在各子模块上设置具有连接功能的接口，这样做一方面可以简化装配工艺；另一方面还易使产品变型，从而更好实现工程机械产品的多品种生产。

（7）工程机械产品设计应当严格遵守相关规范的要求。为了确保设计万无一失，需要对每个步骤与每个阶段进行严格检查与可行性检验，只有这样，才能确保设计任务的高质量完成。

（8）设计工作的灵魂是创新，设计者应当对产品结构与方案进行全新的探寻，从而发明与创造出更为先进的工程机械产品。

总之，根据市场需求与工程建设要求，对先进的经验、技术、方法及科学理论加以综合运用，对产品进行规划，不断地对技术方案加以构思、分析、创新与优化、评价，才能制订出科学合理的工程机械产品设计方案。

4.2　工程机械产品设计要求

在进行工程机械产品设计时，设计人员应严格遵循以下设计要求。

4.2.1　满足使用性能要求

机器在规定的使用条件下，可以执行，预期的所有功能，这称为机器的使用性能。工程机械产品的使用性能，具体包括以下内容。

（1）牵引性能。所谓牵引性能，主要是在牵引工况下，对工程机械产品的发动机功率、作业效率及工作能力利用有效程度的一种反映。评价牵引性能的重要指标包括有效牵引功率、牵引效率与最大牵引力。

（2）动力性能。所谓动力性能，主要是在运输工况下，对工程机械产品的爬坡能力、加速性能及最大运行速度的一种反映。评价动力性能的重要指标是动力因数。通常来说，工程机械产品的生产效率是由工程机械产品的动力性能决定的。

（3）机动性能。所谓机动性能，主要是对工程机械产品适应能力的一种反映，其适应对象包括不同的工点转移、作业场地及道路条件等。评价机动性能的重要指标包括最小转弯半径、最小离地间隙等。通常来说，工程机械产品的适用程度与机动性能有紧密的联系。

（4）经济性能。一般情况下，经济性能在工程机械产品上的体现大致分为两个方面：①在产品的设计与制作方面，要求产品的生产周期要短、生产成本要低；②在产品的使用方面，要求产品的生产效率要高、适用范围要广、能源消耗要低、使用便利、维护费用要低等。

评价产品经济性能的重要指标包括两个方面：其一，发动机额定比油耗，具体来说，就是指每千瓦有效功率每小时内消耗的燃油数量，这一指标通常被用于比较相同机种不同型号发动机的经济性能；其二，发动机额定小时燃油耗，诸如每小时内发动机消耗的燃油数量，这一指标通常用于作业成本的核算，但由于工程机械产品在使用过程中会受到多种因素的影响，因此不可按照这一指标对不同型号工程机械产品的经济性能加以评判。

（5）作业安全性能。在对工程机械产品进行设计时，需要充分考虑机器作业时所采取的安全措施与使用安全性。这具体涉及三个方面：其一，在恶劣条件下作业的机器的驾驶室应当设置翻车保护结构（ROPS）；其二，驾驶室需要拥有良好的视野，从而保证施工作业安全；其三，采用各类安全可靠的信号报警系统与安全保险装置；其四，对容易造成人员伤害的施工部位，应当做足安全技术防护措施；其五，在机器作业时，要充分考虑其对操作人员、其他非操作人员及周围环境的安全影响。

工程机械产品设计的安全性能指标具体包括以下两个方面。

①稳定性能。所谓稳定性能主要是指工程机械产品在坡道上行驶或是作业时，抵抗滑移、横向与纵向倾翻的性能。通常来说，评价其稳定性的重要指标包括稳定性系数与稳定度。

②制动性能。所谓制动性能主要是指在各种行驶速度下，工程机械产品停车的能力。评价该性能的重要指标是工程机械产品在某一行驶速度下的制动距离。

（6）操纵舒适性能。对工程机械操作者而言，工程机械发展的重要性体现在劳动强度的减轻、舒适性的增加及操纵性的改善三个方面，这也是促使工程机械生产效率得以提高的有效措施。就目前的工程机械发展状况来看，工程机械产品现代设计的内容主要涉及驾驶室的舒适环境、降噪与隔振。

从工程机械产品设计角度出发，应当尽可能地减少工程机械操作者的脑力与体力消耗。①最大限度地减少操纵手柄数目，减少人力驱动部位的设计，确保操作者注意力集中，通过使用气、液助力操纵装置使操纵力控制在合理区间。②操纵设计应当与人体工程学要求相适应，符合人类操作习惯，使操作者操作起来更加便捷。③为了便于操作者观察与操作，应当集中布置信号指示装置与仪表。④为了减轻操作者的精神负担，避免出现误操作，设计者应尽可能采用各种可靠且安全的联锁装置及自动化操纵装置。⑤应当在驾驶室安装气温调节装置，布置除尘与防噪声设施及安全舒适的座椅。

要想充分发挥整机的使用性能，离不开工程机械的整体设计及各总成部件的设计，具体包括对发动机功率的正确选用，对工作装置的结构形式以及行走系统、制动系统、转向系统、传动系统、总体参数的合理选择，以及合理布置与匹配各总成等设计内容。

4.2.2　满足制造工艺性和修理工艺性的要求

为了最大限度地减少生产成本，应当尽可能简化工程机械的各个部件与零件的设计与制造，进而使得机械设备的装配变得简单。因此在工程机械装配过程中，应当简化传动链，使得加工面、零件种类数量有所减少，制作工艺与零件形状有所简化；除此之外，还应当采用优先系列、优先配合的标准结构要素，合理选用形位公差要求、表面光洁度、零件制造精度。

在进行工程机械产品设计时，应当充分考虑后期的维护修理，采用拆卸时方便快捷的模块化设计，使得后期的维护与修理更加高效。修程一致是对易损件的基本要求，并且要确保修理工艺简单化。综上所述，工艺性是对工程机械制造与修理的基本要求。

4.2.3　满足结构和零部件材料性能要求

通常来说，工程机械的作业条件与环境较为恶劣，需要克服各种随时可能出现的外载荷，包括振动、冲击、动载等。因此在进行工程机械产品设计时，需要注意结构方案设计的合理性，需要科学运用计算假设，从而确定计算模型，并通过正确的算法进行产品的结构设计，尽可能使其在最小的结构质量下具有足够的抗震能力、稳定性、刚度与强度。

除了上述要求，还需要注意产品的耐磨性设计。具体来说，就是部分摩擦副、运动副会随着使用次数的增多，形成一定的自然磨损，从而对零件的使用寿命产生影响。此外，盾构机的刀具与刀盘、推土机的履带与推土铲、挖掘机的斗齿等都应进行耐磨性设计，其热处理工艺与材料也应满足相应的要求。因此在进行工程机械产品耐磨性设计时，应当注意以下几个方面：①选择正确的热处理方法与材料；②合理确定摩擦副与接合副的比压力；③适当选用摩擦副的密封装置、防尘装置及滑润方式。

4.2.4　满足对使用环境适应性的要求

由于工程机械的作业条件与环境具有复杂多变的特征，因此在进行产品设计时，应当充分考虑使用产品时的环境因素，使其具有较高的环境适应性，以提高市场竞争力。具体来说，在对工程机械附件、材料、性能与结构进行设计时，应当充分考虑施工现场的设备维修能力与燃料供应能力、不同的地理条件（如沿海、沼泽、山区、高原等）及不同的气候条件（如寒带气候、热带气候等）。举例说明：在山区作业时，工程机械应当具备下坡减速装置，同时提高爬坡能力；在隧道作业时，为了防止废气随意排放，达到保护生态环境的目的，工程机械一方面要将内燃机作为动力，另一方面还要增加电驱动装置；在寒冷地区作业时，工程机械应具有冷启动功能；在热带地区作业时，应当对驾驶室内的通风及隔热效果进行充分考虑；在高原地区作业时，发动机应具备增压装置等。

4.2.5　满足对运用性的其他要求

对工程机械产品进行设计时，应当适当增设换装工作装置，从而满足用户一机多用的使用要求；要想实现长途运送，就应当遵守铁路"车辆限界"的具体规定；从施工组织与施工工艺角度出发，应开展新型工程机械产品的设计工作等。

除此之外，工程机械外形设计需要满足外观造型与工程要求两个因素。工程机械不仅要满足工程作业的实际要求，还应具有一定的施工现场环境美化功能。因此要想使工程机械给人留下深刻印象，就需要从工程机械的色彩、油漆与外形入手，同时这些因素也能给人带来较为直观的感受，其在工程机械设计中的重要性日益凸显。

4.3　工程机械总体设计综述

从本质上看，总体设计属于一种初步设计工作，其最终目的是使机器整机性能达到最优，因此，设计者需要根据技术任务书的具体要求，对各类技术资料进行详细分析，对各总成的结构形式与机器类型进行合理选择，并对其进行正确的布置与组合，从而使得机器的各总成构成整体，功能协调一致。

4.3.1　总体设计的主要内容

（1）从技术任务书的具体要求出发，对各总成的结构形式与机器类型进行合理选择。

（2）初步确定对机器性能起决定性影响的基本参数。

（3）对机器重心位置与机器的总体布置进行确定。

（4）对施工作业的阻力进行计算。

（5）先分析各工况下的机器受力情况，然后确定各部件的设计载荷。

（6）对整机的稳定性进行计算。

（7）对生产率进行计算，以及对其他技术的经济指标进行初步计算。

（8）如果有必要，还应当对换装工作装置进行初步设计。

（9）对整体草图进行绘制。

4.3.2　总体设计原则

（1）运用系统工程学的观点对存在的问题进行处理。工程机械的总体设计应当充分考虑系统内部各子系统之间的关联性，以及环境与系统之间的关联性，它们之间是相互依赖、相互作用、相互制约的关系。具体内容如下。

①在进行总体设计时，为了使机器的整体性能实现最优化与一致性，不能仅使某一局部性能达到最佳，应当使各总成或部件的性能彼此匹配与协调，否则很容易出现薄弱环节或降低整体性能。

②应尽可能增强各种作业要求与运行条件的适应性。

③由于机器本身是一个较为复杂的系统，其是由多个子系统有机组合而成的，在对其进行总体设计时，应当尽可能做到层次分明，对设计任务加以正确分解，对存在的问题进行综合分析；否则机器一旦发生故障，无论是从技术层面看还是从机器结构分析层面看，都很难做到快速解决问题。

④抛开时间的局限性，对机器在不同工况下使用时的要求，以及在长途运输、运用及制造中的具体要求应进行综合考虑。

（2）在处理某些技术问题及进行部件、整机选型时，应当对实现上的可靠性与可行性、经济上的合理性及技术上的先进性进行综合考虑。

（3）在进行机器设计时，应当对所设计机器在同类机器中所处的地位进行正确分析，从而为下一代产品的研究与设计奠定良好基础。

（4）工程机械的工况复杂多变，机械的受载情况也难以控制，当出现一些小概率的极端工况时，应当采取科学的方法对机械的受力情况进行分析，从而解决一些技术问题。

（5）对继承与创新的辩证关系进行正确处理。应当运用成熟可靠的机电零部件、成熟的技术对工程机械进行科学的设计，并在大量理论知识与科学实验的基础上，进行大胆的创新与尝试。

4.3.3　总体设计中整机性能参数的确定方法

在进行工程机械总体设计时，对多学科理论知识的综合运用仍然是常见的基本方法。如果遇到无法通过理论知识解决的问题，可以采用下列方法来解决。

（1）要想取得相关参考值，可以类比不同国家的技术成熟的同类型机器的性能参数。

（2）对现有国内外同类机器的某种性能参数进行统计分析，找出规律或综合成经验公式来处理问题。

（3）通过做模拟实验的方式，获取设计数据参数。

（4）对相似方法的原理加以运用，结合同类型机器的有关参数，采取按比例关系进行缩小或放大的方式，可以初步确定与所设计部件涉及参数相对应的参数。

4.3.4　机型选择的步骤

（1）根据技术任务书提出的参数要求、基本性能、作业条件、机器用途，结合同类型相近机型的相关资料，综合上述各项特征，分别对各机型逐项进行分析与评价，最终选出性能好、技术先进的参考样机。

（2）基于参考样机，结合实际需要对部分总成的结构形式进行调整，然后类比、定性分析调整结构后的整机，对其总体性能协调的可行性加以判断，适当进行理论分析。如果得到的结果是令人满意的，便可将其确定为初选机型。

（3）如果根据技术任务书的要求，按照以上方法进行参考样机的选取都难以得出结果，那么可以采用新技术、新结构的方式对机型进行全新设计，或者采用成熟的总成结构进行有机综合，以形成基本参数突破相近机型参考数值的新机型。

4.3.5　工程机械用柴油机的特点

（1）柴油机的形式：在工程机械的应用中，经常采用水冷四冲程柴油机，只有小部分机械采用二冲程或风冷柴油机。

（2）柴油机的功率：由于工程机械的大型化已经成为一种发展趋势，其功率范围也在不断扩大，一般控制在 45～600 kW。

（3）柴油机的转速：发动机转速的提高也成为一种发展趋势。目前发动机的额定转速通常控制在 1 800～2 100 r/min。

（4）速度适应系数与力矩适应系数：速度适应系数通常控制在 1.3～1.7。给工程机械用发动机安装矫正器提高了力矩适应系数，使其能更好地适应工程机械的负荷特点，力矩适应系数 K 值通常控制在 1.15～1.30。

（5）工作耐久性与可靠性要求高：工程机械通常应用于野外作业，工作载荷的变化相对较大、工作环境恶劣、气候条件不稳定，这些都使得工程机械的使用与保养条件变得较差。

普通型发动机的耐久性指标通常控制在 5 000～10 000 h，部分先进发动机的耐久性指标为 20 000～25 000 h。

（6）发动机对各种使用条件的适应能力：为了确保工程机械能够在不同地区、不同海拔高度进行作业，世界各国都将发动机对使用环境的适应能力作为重点加以关注。

4.3.6　评价变负荷对发动机动力性和经济性的影响指标

1. 发动机的载荷系数

发动机在变负荷工况下的平均负载程度，用发动机的载荷系数 K_L 来表示。它的定义如下

$$K_L = \frac{M_{eaP}}{M_{eH}} \qquad (4-1)$$

式中：M_{eaP} ——发动机曲轴上的平均阻力矩；

M_{eH} ——发动机额定力矩。

2. 发动机的功率利用系数

发动机在变负荷工况下，从调速特性上显示出的功率利用程度，用发动机的功率利用系数 K_S 来表示。它的定义如下

$$K_S = \frac{N_{eaP}}{N_{eH}} \qquad (4-2)$$

式中：N_{eaP}——与平均阻力矩对应的静态调速特性上的功率；

N_{eH}——发动机额定功率。

3. 发动机的比油耗利用系数

发动机在变负荷工况下，从调速特性上反映出的燃料经济性的利用程度，用发动机的比油耗利用系数 γ_g 来表示。它的定义如下

$$\gamma_g = \frac{g_{eaP}}{g_{eH}} \tag{4-3}$$

式中：g_{eaP}——与平均阻力矩对应的调速特性上的比油耗；

g_{eH}——与发动机额定力矩对应的比油耗。

4.3.7 工程机械的技术及经济指标

1. 生产率

在一定条件下的规定时间内，机器可以完成的工程数量称为生产率。机器的生产率是重要的技术指标，计算过程如下。

（1）对于连续作业的机器。

$$Q_1 = 60Fv \tag{4-4}$$

式中：Q_1——理论生产率，m^3/h；

F——挖掘工作物的横断面面积，m^2；

v——机器作业的前进速度，m/min。

（2）对于循环作业的机器。

$$Q_1 = \frac{60qK_1}{K_2t} \text{ 或 } \frac{3\,600}{t} \tag{4-5}$$

式中：q——铲斗的几何容量，m^3；

K_1——铲斗的充盈系数，一般取 0.9；

K_2——土的松散系数，一般取 $1.08 \sim 1.32$，岩石、冻土为 $1.5 \sim 2.5$；

t——循环的延续时间。

2. 技术经济指标

（1）能耗比。

$$N_{dw} = \frac{N}{Q_1} \tag{4-6}$$

式中：N—— 机器装备功率，kW；

　　　Q_1—— 运用生产率，每台班生产量，m³。

（2）机重比。

$$G_{dw} = \frac{G}{Q_1} \qquad\qquad (4-7)$$

式中：G—— 机器结构质量，t；

　　　Q_1—— 运用生产率，每台班生产量，m³。

（3）能耗与机重比。

$$NG = \frac{N}{G} \qquad\qquad (4-8)$$

式中的符号意义与前文相同。

4.4　工程机械总体设计实例

我国西部大开发与青藏铁路建设对高原型工程机械的需求，是高原型装载机的设计任务得以提出及实施研发的主要原因。

根据高原型装载机的生产情况、使用场地、作业环境条件、主要用途等，对装载机整机尺寸、性能参数、各总成的结构形式及机型等进行合理选择与确定，并通过总体计算与合理选择，使得机器各部件匹配良好，进而促使机器的整机性能发挥到极致，这便是高原型装载机的总体设计。可以说，装载机的整体性能完全取决于其总体设计。

特殊的高原气候条件要求各类工程机械的可靠性指标与机械性能均须达到标准。青藏高原是世界范围内最具代表性的高原，它对工程机械设备环境适应性的影响也同样是最有代表性的。具体来说，青藏高原的气候特点具有以下几个特征。

（1）高原海拔与大气压力、空气密度及含氧量成反比例关系，高原海拔越高，后三者的数据指标越低。

（2）一年中低温期较长，昼夜温差较大，且平均气温相对较低。

（3）冰雪冻土层厚度较大，常年冻土地带面积较大。

（4）常年风沙灰尘大，天气条件较差，日照辐射强，降水量少且气候干燥。

4.4.1 装载机的选型

履带式与轮胎式是装载机的两种结构形式，根据装载机的作业场合及用途选择其结构形式。具体来说，履带式装载机的缺点是适用范围相对较窄，其仅适用于路面条件不理想、作业点集中的场合，这主要是由于此类装载机转向不够灵活且行走速度较慢；履带式装载机的优点是比切入力和牵引力较大、路面通过性较好、工作稳定性较好等。轮胎式装载机的优点具体表现在维修便利、行走时不易对路面造成损坏、制造成本较低，同时用途较为广泛、工作效率高、转向较为灵活、运行速度快且质量轻等。虽然轮胎式装载机也有着地面压力高、稳定性一般，轮胎易磨损等缺点，但两者相比，轮胎式装载机在高原作业时的适应能力相对较强。

4.4.2 装载机各总成部件结构形式的选择

装载机是由不同的零部件与许多总成部件共同构成的一个有机整体，这些零部件与总成部件之间相辅相成、彼此制约又彼此依赖。因此在选择各总成部件结构形式时，要想使机器性能发挥到极致，应注意各总成部件性能的协调度和每个总成部件的结构性能两个方面。要想使各总成部件性能协调一致，就需要注重各总成部件的布置合理性以及性能参数与总体参数之间的匹配度。若是没有从全局出发进行设计，就很可能出现各总成部件性能参数与总体参数之间协调匹配度不够的情况，即使每个部件结构是性能良好且技术先进的，但是组合在一起就很难使整机性能达到良好效果。这主要源于不同总成部件之间的优势可能出现相互限制或抵消的情况，从而导致每个总成部件都无法将性能发挥到极致。

1.发动机的选择

通常来说，柴油机是大型工程机械的主要动力。与平原地区相比，在高原地区使用柴油机无论是使用方面还是性能方面都会有所差异，具体分析如下。①高原地区特殊的气候条件，导致柴油机的经济性能与动力性能有所下降。这主要体现在气缸充气量的减少；因燃烧不充分而导致黑烟的产生；柴油机过热之后，其扭矩与功率都有所下降，从而使得油耗逐渐增加。②由于柴油机性能无法正常发挥，过早出现磨损，导致其使用寿命受到严重影响。这主要体现在冷却风扇的有效流量有所减小，其沸点也有所降低，散热能力急剧下降，而热负荷不断增加，从而导致燃烧室积炭过多。③由于高原地区昼夜温差较大，夜间寒冷，并且氧气含量严重不足，在这样的情况下，应使用低温启动柴油机的方法，但这对其性能有更高的要求。

发动机功率会随着海拔的不断升高而降低，即海拔每升高 1 000 m，发动机功率便会下降 8% ~ 10%。基于此，根据青藏高原的实际海拔进行推算，发动机功率下降将为 28% ~ 30%。因此在高原地区使用适用于海拔 1 000 m 以下的国产柴油机时，若是采取没有任何针对性与适应性的措施，将无法充分发挥其性能优势，其适应能力也达不到实际要求。

因此高原型装载机在柴油机的选择方面，应多采用功率恢复型的增压技术，使得各项相关指标（如热负荷指标、经济指标等）与功率达到原机在平原地区应用时的水平。与此同时，为了提高柴油发动机低温启动性能，可以考虑加配低温启动装置。此外，新型防冻液的使用，一方面可以防止机器被冻坏，另一方面可以有效防锈、防结垢、防沸等。

在我国，发动机的额定功率按照持续工作时间的不同被划分为四种类型：15分钟功率、1 小时功率、12 小时功率和持续功率。每种功率类型代表了发动机在不同时间范围内可以持续输出的最大功率。具体来说，15 分钟功率表示发动机可以在 15 分钟内持续提供的最大功率，这种功率等级通常用于表征发动机的短时最大负荷能力，适用于需要短时间内高输出的场合；1 小时功率表示发动机在 1 小时时间内能持续提供的最大功率，这种额定功率反映了发动机在相对较短时间内的持续输出能力；12 小时功率表示发动机可以在 12 小时内持续提供的最大功率，这种类型的额定功率适用于需要长时间运行，但不是全天候持续运行的应用场景；持续功率是发动机可以无限期持续提供的最大功率，通常是指发动机在标准工况下的稳定输出能力，以上这些功率由台架试验进行测定。一般来说 15 分钟功率要比 1 小时功率大 20%，1 小时功率要比 12 小时功率大 10%。按照相关规定，机器本身的附件也应参与台架试验，如发电机、消声器、空气滤清器及风扇等。若进行台架试验时没有带上述附件，应扣除相应附件所消耗的功率。

根据装载机的使用条件，其应采用 1 小时功率的柴油机，主要原因是装载机作业时频繁进退，运行速度慢，散热效果差，并且作业环境中的粉尘较多，吸气条件较差。

目前，装载机大多采用车用柴油机，此类柴油机的额定功率是按照15分钟功率进行标定的，若发动机选型的需求功率以车用功率为标准，便会导致装载机的柴油机负荷过重、气缸磨损严重、机器工作时极易产生黑烟，从而降低其功率。因此在选择车用柴油机时，应选择比标准规格稍大的规格，在进行配置时应从柴油机燃料调整特性出发，使其转速与功率下降20%。

2. 传动形式的选择

机械传动、液力机械传动、全液压传动与电传动是装载机的四种传动形式。

机械传动形式，目前仅适用于少数小型装载机。其主要特点为制作成本低、加工制造容易、结构简单，但是由于其冲击载荷与传动系统扭振较大，因此会对传动系统的使用寿命产生一定的影响。

液力机械传动形式，多见于大中型轮胎式装载机。其主要特点为随着外界阻力的变化，对装载机的牵引性能加以改善，则可以吸收冲击载荷，从而延长装载机的使用寿命。

全液压传动形式，仅适用于小型装载机。其主要特点为可以实现无级调速，机器结构较为简单，但是由于机器运行速度较慢、启动性能较差，因此严重影响其使用寿命。

电传动形式，多见于大型装载机。其缺点主要表现为与同等电容的液力机械传动式装载机相比，设备费用要高出20%左右，主要原因是此类传动形式的电机设备质量较大，从而加重了装载机的自重。因此通常推荐500 kW以上的装载机采用电传动形式。其优点主要表现为机器运行速度快，牵引性能较好，将传动系统中传统的易损零部件加以废除使得维修与检查更为便利，工作可靠且具有一定的耐久性，主要原因是此类传动形式可以在较大范围内实现无级调速，从而充分利用发动机功率。

3. 液力机械传动系部件形式的选择

（1）液力变矩器的选型。在使用液力机械传动的装载机时，如果选择了正确的液力变矩器，并且做到其与适合的发动机相匹配，那么发动机的功率便会得到充分利用，这在一定程度上使装载机的牵引性能得到改善，促使变速箱的挡数有所减少，变速箱的结构得到简化，从而降低了司机的劳动强度，使装载机的生产率得到有效提高。如果选择了错误的液力变矩器，它将难以与发动机相匹配，并将导致发动机的功率受到严重影响。

①装载机对变矩器的要求如下。

a. 发动机输出的所有有效功率都应能通过变矩器传递出去。

b. 当变矩器处于制动工况时，其变矩系数 K_0 应尽可能大，通常短时间内变矩器克服超载的能力用 K_0 来表示，但是随着 K_0 不断增大，最高效率 η_{max} 时的传动比 $i\eta_{max}$ 时会有所减小。因此需要通过常用变矩器的变换性能 $B = K_0\eta_{max}$ 进行评价，一般来说，变矩器的 B 值越大越好。

c. 通过 $\eta > 75\%$ 的传动比幅度对变矩器的效率进行衡量，最高效率越高越好，高效范围越宽越好。

d. 从充分利用发动机功率的角度出发，由于发动机工作时始终处于额定功率点，因此不可透的液力变矩器最好。从克服启动力矩与超载能力的角度出发，正透液力变矩器最好。

②常用的装载机变矩器形式：结合上述对变矩器的要求，下面对适用于装载机的变矩器形式加以分析。

根据在导轮与泵轮之间布置的涡轮数量，可以将液力变矩器划分为单级与多级两大类。单级变矩器的结构较为简单，工作可靠性与效率较高，但是与多级变矩器相比，其变矩系数 K_0 较小，通常在 3 左右。

按照工作轮彼此配合作用的数目，可以将液力变矩器划分为单相变矩器、两相变矩器和三相变矩器三大类。

最符合装载机工作要求的液力变矩器是单级向心式涡轮液力变矩器。近些年，国外装载机采用双涡轮变矩器的相对较多，而我国的双涡轮液力变矩器多见于国产 ZL 系列第二代 5 t 装载机，其变矩系数较大，高效范围较宽。当装载机需要克服巨大阻力进行铲掘作业时，通常会采用此类变矩器。

③装载机分别对变矩器与发动机有不同匹配要求。一般情况下，装载机整体性能的好坏，直接取决于变矩器与发动机的匹配是否得当。得当的匹配为发动机工作稳定、油耗适宜，这样的装载机作业生产率才高。

a. 在对变矩器与发动机进行匹配时，首先需要清晰地了解发动机的功率分配。为装载机选择发动机时，一方面需要安装发动机自带的附件，另一方面应安装整机的辅助装置，诸如气泵、变速操纵及变矩器补偿冷却油泵、转向油泵、工作装置油泵等。在对变矩器与发动机的共同工作输入特性曲线进行绘制时，要求结合装载机的实际作业情况，扣除带动辅助装置所消耗的发动机扭矩与功率。

发动机附件所消耗的功率 N_F 可按发动机额定功率 N_{eH} 的 10% 计算

$$N_F = 0.1 N_{eH} \tag{4-9}$$

整机辅助装置所消耗的功率 $\sum N_b$ 和扭矩 $\sum M_b$，按下式计算

$$\sum N_b = \frac{p_i Q_{Ti}}{60 \eta_{bMi}} \tag{4-10}$$

$$\sum M_b = \frac{10^3 p_i Q_{Ti}}{2\pi n_b \eta_{bMi}} \tag{4-11}$$

式中：p_i——油泵的工作压力，MPa；

Q_{Ti}——油泵的理论流量，L/min；

n_b——油泵的转速，r/min；

η_{bMi}——油泵的机械效率。

b. 发动机与变矩器的匹配方案：一般情况下，发动机与变矩器的匹配有全功率匹配与部分功率匹配两种不同的匹配方案。

全功率匹配：此类匹配方案主要指的是变矩器与变速操纵油泵共同作业，工作装置油泵与转向油泵空转，变矩器与发动机输出的所有有效功率进行匹配，这主要是为了满足装载机在工作时对牵引力（插入力）的要求。此时发动机传给变矩器的力矩 M_{ez} 如下：

$$M_{ez} = M_e - M_g' - M_z' - M_c \tag{4-12}$$

式中：M_e——发动机的输出扭矩，N·m；

M_g'——工作装置油泵空转时消耗的扭矩，N·m；

M_z'——转向油泵空转时消耗的扭矩，N·m；

M_c——变速操纵油泵消耗的扭矩，N·m。

部分功率匹配：此类匹配方案主要指的是变矩器、变速操纵油泵与工作装置油泵共同作业，而转向油泵空转，变矩器并非与发动机输出的所有有效功率进行匹配，而是仅与部分功率进行匹配，这主要是出于对工作装置油泵所需功率的考虑，预先留出一些功率。此时发动机传给变矩器的扭矩 M_{ez}' 如下：

$$M'_{ez} = M_e - M_g - M'_z - M_c \qquad (4\text{-}13)$$

式中：M_g——工作装置油泵工作时消耗的扭矩，一般占发动机功率的 40% ～ 60%，N·m。

从上述两种匹配方案可以看出，对于大中型装载机而言，它的储备功率相对较大，为了提高生产率，通常采用部分功率匹配方案；对于小型装载机而言，通常采用全功率匹配方案，它可以最大限度地满足牵引力（插入力）的要求。

上述内容只是作者关于发动机与变矩器匹配的一些看法，而装载机工作装置的牵引参数与性能参数的匹配情况，也影响机器经济性能的正常发挥及生产率的提高。因此装载机的其他因素之间也应协调得当，具体涉及装载机的工作装置油泵、斗容、行驶速度、变矩器容量、发动机等。

（2）变速箱的选型。发动机与变矩器的类型选定之后，就是对变速箱形式的选择，人力换挡变速箱与动力换挡变速箱是常见的两种变速箱类型。

①人力换挡变速箱：其工作原理为通过操纵拨叉与杆件进行齿轮拨动，使得不同齿轮进行啮合传动，从而实现换挡操作。此操作注意要将动力切断，否则会有冲击力产生。人力换挡变速箱制造容易、结构相对简单，因此常见于各类小型机械传动装载机。

②动力换挡变速箱：其工作原理为通过液压实现对制动器或多片离合器的操纵，从而实现换挡操作。此操作无须切断动力，所产生的冲击力相对较小，操纵简便且极易完成自动化操作，液力机械常采用动力换挡变速箱。

按照动力换挡变速箱的结构，可以将其划分为定轴常啮合齿轮变速箱与行星齿轮变速箱两大类型。定轴常啮合齿轮变速箱结构简单，制造和维护容易，但体积和自重较大；行星齿轮变速箱的主要特点表现为负荷均匀分配于若干行星齿轮上，各个零部件的受力相对较小且受力平衡，因此其从结构上看更加紧凑，刚度更高，使用寿命也相对较长。目前我国动力换挡变速箱在装载机中的应用极为广泛。

（3）驱动桥的选型。为了最大限度利用轮式装载机上的附着质量，使其牵引力得到较大发挥，一般情况下全桥驱动是经常采用的一种方法，并且驱动桥的减速比较大，这主要得益于装载机的作业速度相对较低。通常来说，驱动桥采用行星轮边减速装置与单级主传动减速装置两种。行星轮边减速装置的优点在于能通过较小的结构尺寸获得较大的传动比，与此同时，可在轮毂内放置整个轮边减速装置，这对于整机布置来说极为便利。在结构尺寸允许的情况下，轮边减速装置的减速比应当尽可能取大值，通常控制在 12 ~ 38。如此一来，半轴、差速器与主传动齿轮的尺寸都能够减小，结构可变得紧凑，离地间隙可增大，从而使装载机的通过性得以提高。部分装载机轮边减速装置通过采用双级行星轮边减速装置传动，增大了减速比。

4. 制动系的选择

装载机中的重要组成部分之一便是制动系，一方面，它与行车作业的安全性密切相关；另一方面，运输效率的提高与较高的平均行驶速度都与制动系的可靠性紧密相关。

行车制动系、停车制动系、紧急制动系是目前装载机制动系的三个组成部分。同时，制动驱动机构与制动器是每个部分的组成要素。

（1）行车制动系。通过踏板可以实现对行车制动器的操纵，一般情况下，在装载机轮毂内的轮边减速装置上会安装行车制动器。行车制动器的三种结构形式分别为湿式多片式、钳盘式及蹄式。

气顶油制动驱动机构与钳盘式制动器被广泛应用于装载机的行车制动装置上，使得装载机的维修更加简便、结构更加简单、安全性与可靠性更高、制动更加平稳。同时，有部分装载机采用了湿式多片式制动器，此类制动器的优点在于使用循环油进行冷却，散热性能较好；由于湿式多片式制动器的面积较大，因此其制动效果相对较好；密封的多片结构，具有使用寿命长、部件磨损小的特点。基于此，近些年湿式多片式制动器也广泛应用于各种装载机中。

（2）停车制动系。可供装载机在坡道上停歇及在路面上停车制动时使用的装置，称为停车制动系。蹄式与带式是停车制动器的常见结构，通常安装于变速箱外的传动轴上。为了确保车辆停靠的安全性与可靠性，停车制动驱动机构通常采用手动操纵机械传动。

（3）紧急制动系。当行车制动发生故障或者遇到特殊情况紧急制动时所使用的装置，称为紧急制动系。它通常被安装于变速箱外的传动轴上，具有独立的驱动机构，然而这种紧急制动系仅配置在部分车辆上。

通常来说，轮式车辆制动时行车制动系能使车辆达到的制动距离与减速度，可以作为轮式车辆行驶与制动系性能的安全标准。当额定载重量小于 45 kN 的装载机进行制动时，制动距离小于或等于 9.5 m，最大减速度大于或等于

5 m/s^2；当额定载重量大于 45 kN 的装载机进行制动时，制动距离小于或等于 11 m，最大减速度大于或等于 4.2 m/s^2。

5. 转向系的选择

整机性能的重要方面之一便是转向性能。目前全液压铰接转向是装载机广泛应用的一种类型。其主要特点表现为无冲击力、灵敏度较高、体积较小、质量较轻、结构紧凑等。要想使工作装置与前车架的方向保持一致，离不开铰接式机架的应用，它在一定程度上可以提高装载机的机动性与生产率，缩短循环时间和对准作业面的时间，从而降低整机抗倾翻的稳定性。

6. 轮胎的选择

为了使装载机可以在作业时正常行驶，需要对轮胎提出更高要求，诸如满足行驶速度与载荷的要求等，它具体表现为具有一定的缓冲性、通过性、耐久性及牵引性等。低压宽基充气轮胎是装载机经常采用的轮胎，此类轮胎的运用，一方面可以有效改善车辆的行驶稳定性能与附着性能，另一方面可以有效提高其通过性。装载机的轮胎花纹大多采用的是岩石型与牵引型越野花纹。岩石型越野花纹轮胎常用于坚硬地面的作业，其耐磨性与抗切割能力较好；牵引型越野花纹轮胎常用于松软地面的作业，其可以产生较大的牵引力。

要想正确选择装载机的轮胎，需要充分考虑轮胎的使用场合与作业条件，具体包括轮胎的承载能力、耐磨性、缓冲性、通过性及牵引性等。

根据充气压力的不同可以将轮胎划分为三大类，即标准、低压与超低压轮胎，对应的轮胎压力范围分别为 $0.5 \sim 0.7 \text{ MPa}$、$0.15 \sim 0.45 \text{ MPa}$ 和 $0 \sim 0.05 \text{ MPa}$。

目前，低压宽基轮胎是装载机广泛采用的一种轮胎。其特点表现为轮胎接地面积较大、接地比压较小，因此当装载机行驶在较为松软的路面时，通过性好、滚动阻力小、行驶下陷量小；当装载机行驶在不平坦的路面时，缓冲性与减震性较好，从而使装载机的行驶稳定性与驾驶性都能得到改善。

7. 工作装置的选择

装载机的工作装置主要采用反转单连杆机构，其特点表现为设备结构简单、卸载平稳及布置简易等。

4.4.3　装载机总体参数的确定

结合装载机的生产情况、使用场合、作业条件及主要用途等因素，为了使装载机性能符合相应要求，对总成部件与整机的性能参数进行选择与确定，称为确定装载机总体参数。总体参数选择合理，一方面可以给之后的技术设计提供便利，另一方面可以提高装载机的技术经济指标与使用性能，从而使生产率得以提高、作业成本得以降低。

具体来说，铲斗前倾时间、动臂提升与下降时间、最大卸载距离及卸载高度、车速、牵引力、轴荷分配、轮距、轴距、发动机功率、装载机自重、斗容、额定载重量等均属于装载机的总体参数。

以上参数之间存在某种内在关联，要想对其进行正确且合理的选择，离不开大量的调研工作。本节通过对同一类型的不同制造商生产的装载机主要参数、性能与结构进行对比与分析，从整机性能的角度出发，结合装载机的"三化"要求，对上述参数做出科学合理的选择。

1. 额定载质量

在确保装载机作业稳定性前提下的最大载重能力即装载机的额定载质量。所谓最大载质量指的是装载机在坚硬且光滑的水平地面上，保持静止状态进行铲掘时的载质量。与装载机行走铲掘时的载质量相比，不行走铲掘时的载质量通常要大 1 ～ 1.5 倍。

通常来说，轮胎式装载机倾翻载荷的 50% 应是其最大额定载质量。倾翻载荷主要是指装载机在某一条件下作业，使得装载机后轮与地面脱离接触，然后绕前轮与地面接触点发生倾翻时，装载机铲斗中装载物料的最小质量。

一般情况下，配合装载机作业的运输车辆的载质量，应当与装载机额定载质量相适应，并符合装载机系列标准，以 2 ～ 5 斗装满一车为宜。

2. 额定斗容量

所谓额定斗容量即堆装斗容，当装载机的额定载质量确定后，额定斗容量应当按照下列公式确定

$$V_{\mathrm{H}} = \frac{G}{\gamma} \tag{4-14}$$

式中：V_H——额定斗容量，m³；

   G——额定载质量，t；

   γ——物料密度，t/m³。

为了提高不同密度物料的铲装作业效率，通常将斗容划分为三大类，即标准斗容、加大斗容及减小斗容。

所谓标准斗容指的是装载机铲斗中装载着密度为 1.4 ～ 1.6 t/m³ 的物料。

所谓加大斗容指的是装载机铲斗中装载着密度为 1 t/m³ 左右的物料，其容量为标准斗容的 1.4 ～ 1.6 倍。

所谓减小斗容指的是装载机铲斗中装载着密度大于 2 t/m³ 的物料，其容量为正常斗容的 0.6 ～ 0.8 倍。

3. 自重

装载机的使用质量称为装载机的自重。目前大部分装载机基本都是全轮驱动，因此也可以将装载机的附着质量视为装载机的自重。当装载机在水平地面作业时，是以行走的方式将铲斗插入物料堆，如果不考虑惯性因素，那么用来克服装载机插入阻力的便是装载机的牵引力，此力的大小与地面附着力大小有关。为了确保装载机能够正常工作，必须使铲斗能够插入物料堆中，且插入时应具有一定的深度。装载机的额定牵引力如下

$$P_H = G_\varphi \varphi_H = P_X \tag{4-15}$$

式中：P_H——装载机的额定牵引力，kN；

   G_φ——附着重力；

   φ_H——附着系数；

   P_X——装载机工作时的插入阻力。

根据装载机的比切力与单位插入力来确定装载机的自重。所谓比切力指的是装载机铲斗插入物料堆的能力，一般来说，铲斗插入物料堆的能力强弱取决于比切力的大小，即铲斗插入物料堆的能力越强，比切力越大。设计时可按表4-1 进行选取。

表 4-1 单位插入力和单位铲起力

名称	额定载质量 /t		
	3	4 ～ 6	>6
单位插入力 / (N·cm⁻¹)	150 ～ 300	350 ～ 500	>500
单位铲起力 / (N·cm⁻¹)	200 ～ 350	350 ～ 500	>500

虽然装载机自重越大，其插入物料堆的能力越强，但是装载机运行阻力也会随着装载机自重的增加而变大，使其动力性受到较大影响。因此在具有相同使用性能与作业能力的前提下，应尽量减小装载机的自重。

4. 行驶速度

装载机作业时，其行驶速度通常不超过 40 km/h，且其一般行驶速度为 3 ～ 4 km/h。与前进作业速度相比，倒挡速度要高出其 25% ～ 40%。

5. 发动机功率

根据工作时辅助油泵所需功率与车轮产生的额定牵引力，可以计算得到发动机功率：

$$N = \frac{(P_H + P_f)v_t}{3.6\eta_t} \sum \left(\frac{p_i Q_i}{60\eta_i} \right) \qquad (4-16)$$

式中：N——发动机功率，kW；

P_f——滚动阻力，kN；

P_H——装载机的额定牵引力，kN；

v_t——装载机的理论速度，km/h；

η_t——传动系统总效率，机械传动取 0.85 ～ 0.88，液力机械传动取 0.60 ～ 0.75；

p_i——辅助油泵输出压力，MPa；

Q_i——辅助油泵流量，L/min；

η_i——油泵效率，一般取 0.75 ～ 0.85。

在装载机作业过程中，辅助机构的各油泵并非同时处于满载状态，此时需要按照空载压力对空转状态下的油泵进行计算，按照系统工作压力对满载状态下的油泵进行计算。当采用液力机械传动装载机时，发动机与变矩器采用部分功率匹配方案，应当按照配合铲装法作业时所需功率对驱动油泵进行计算。

6.轴距

装载机的自重、纵向稳定性与转弯半径会受到轴距的限制，因此在不影响装载机主要性能的前提下，轴距应尽可能小。

7.轮距

装载机的铲斗宽度、横向稳定性与转弯半径会受到轮距的限制。单位长度斗刃插入力也会随着铲斗宽度的增加而有所降低，因此在不影响装载机主要性能的前提下，轮距应尽可能小。

8.最大卸载高度

所谓铲斗最大卸载高度（H_{smax}）主要指的是铲斗处于 45° 卸载角（若卸载角小于 45°，则指明该卸载角）、铲斗铰轴位于最大高度时，铲斗切削刃的水平面与最低点之间的距离。该高度与配合作业车辆有关，可按公式（4-17）确定。

$$H_{smax} = H + \Delta h \tag{4-17}$$

式中：H——运输车辆侧板距地高度，m；

　　Δh——斗尖与车厢侧板间的距离，一般取 0.3 ~ 0.5 m。

9.卸载距离

所谓卸载距离（L_s）主要指的是处于最大卸载高度时，装载机前外廓与铲斗斗尖之间的距离，如图 4-1 所示，其可按公式（4-18）确定。

$$L_s = \frac{B}{2} + \delta \tag{4-18}$$

式中：B——运输车辆宽度，m；

　　δ——卸载时，装载机前外廓与车辆之间保持的最小距离。

10.后倾角及卸载角

铲斗后倾角通常指的是动臂处于最低位时，水平面与铲斗底的夹角 α（见图4-1），一般取 40° ~ 45°。当铲斗连杆机构并非平行四连杆时，在动臂举升的过程中，其铲斗的最大后倾角应控制在 60° ~ 65°。所谓卸载角主要指的是装载机在卸载时，当铲斗位于最大提升位置时，铲斗内底面最大平板部分在水平线以下旋转的最大角度 β，一般 $\beta \geqslant 45°$。

图 4-1　装载机

11. 动臂提升与下降时间及铲斗前倾时间

（1）动臂提升时间：6～9 s。

（2）动臂下降时间：4～6 s。

（3）铲斗前倾时间：2～3 s。

12. 桥荷分配

铰接式装载机满载时，后桥载荷占装载机自重的 25%～35%，前桥载荷占装载机自重的 65%～75%；空载时，后桥载荷占自重的 50%，前桥载荷占装载机自重的 50%。

4.4.4　总体布置

一般情况下，只有在确定装载机的各总成部件的总体参数、轮胎尺寸、结构形式及发动机型号的基础上，才能进行装载机的总体布置。所谓总体布置主要指的是基于对同类型装载机的大量研究与参考，在不影响装载机主要性能及各总成部件设计与总体设计相配合的前提下，结合桥荷分配与使用要求对各总成性能进行协调，以绘制总体布置草图的方式，对各总成的质量、尺寸与位置加以确定与控制。总体布置一方面要有利于装载机使用性能的发挥，另一方面要确保装载机的修理、拆装与操作具有一定的便利性。

1. 总体布置草图基准面的选择

在总体布置草图上初步对轮胎尺寸、轮距、轴距进行确定，然后与同类型装载机车架的高度进行对比，确定车架上缘的位置，之后再选择 3 个基准面，从而确定整机上各总成部件的尺寸与位置。下面是 3 个基准面的选取方式。

（1）以通过后桥中心线的水平面为上下位置的基准面。

（2）以通过后桥中心线的垂直平面为前后位置的基准面。

（3）以通过装载机的纵向对称面为左右位置的基准面。

2. 发动机和传动系的布置

为了保证装载机的稳定性，使驾驶员的前视野得到改善，发动机通常会被安装在装载机的后部中央。根据桥荷分配确定发动机的前后布置，为了使装载机重心高度有所降低，一般在不影响整机的传动系布置与使用要求的前提下，应尽可能使发动机曲轴中心线的上下位置低一些。当发动机的位置确定后，即可确定传动轴的数目、变速箱及液力变矩器的位置。

3. 铰接车架铰销和传动轴的布置

一般来说，铰接车架铰销有两种布置方式。

（1）在前后桥轴线的中间部位布置铰销，当装载机转弯时，可使其前后轮的轮迹相同。若在松软地面上行驶，一方面可以减小行驶阻力与转向阻力矩，另一方面能确保前后轮顺利通过狭小的场地，因此应尽可能多采用此种方式。

（2）在前后桥轴线中间偏前部位布置铰销，当装载机转弯时，可使后轮转向半径小于前轮转向半径。此种方式常见于传动部件布置受限的情况。

在铰销的两侧布置转向油缸，在前后车架上分别铰接活塞杆与油缸体，通常情况下，装载机会使用 2 个转向油缸，目的在于确保转向的安全可靠。前后车架绕车辆铰销左右旋转的相对角度可达 45°，但是一般将其控制在 35°～40°。

目前，双桥驱动被广泛应用于各类装载机上，通常在装载机的纵向对称面内布置其前后传动轴，并使其处于水平位置。

4. 摆动桥的布置

通常情况下，装载机不安装弹性悬架，一方面在于装载机行驶速度较低，另一方面是为了确保铲装作业的稳定性。当装载机在凹凸不平的地面上行驶时，为了确保所有驱动车轮都能与地面接触，通常会借助纵向销轴将驱动桥铰接在车架上，上部车架可以绕纵向销轴进行上下摆动，摆动角度通常在 ±10° 左右。限位块决定了摆动角度的大小。一般来说，摆动桥既可以安装在前桥，也可以安装在后桥。

第5章　工程机械结构优化设计

5.1　结构设计的基本过程

在经验与类比的基础上进行有限元分析是主要的结构设计过程，具体内容如下：结合设计任务要求，经过分析计算确定设计参数，使得特定项目符合设计要求；若无法满足要求，则对设计参数进行更改，如图 5-1 所示。具体步骤：首先是调查分析，收集资料其次是与同类产品做比较；再次是运用试验、类比、验算、估算等方法；最后是形成产品的初步设计方案。

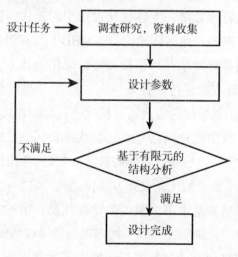

图 5-1　结构设计的基本过程

我们在进行工程机械机构设计时，不仅要从力学的角度考虑其性能，还要从结构的美学、经济性、功能等方面进行考虑。为了更好地理解这些性能指标在结构优化中的地位，需要借助通用的产品设计过程对主要步骤进行简要描述。在理想状态下，主要步骤为：

（1）明确功能。明确产品用途加。例如，在进行桥梁设计时，要对桥梁的日常使用载荷范围、单向或双向车道数、宽度以及长度进行确定。

（2）概念设计。明确产品结构设计理念。例如，确定桥梁是设计成桁架桥、拱桥还是斜拉桥。

（3）优化设计。在确定基本设计理念之后，仍然需要对约束功能加以确定，从而使产品设计得到进一步优化。例如，在进行桥梁设计时，需要考虑其经济性，减少材料使用是这方面的间接表现。

（4）细节设计。通常来说，美学、社会、市场等因素决定细节设计环节。例如，在进行桥梁设计时，要充分考虑色彩元素的运用。

在优化设计中，迭代－启发式过程是目前广泛应用的主导方法，具体步骤如下：①提出某一特定设计；②对基于各项功能的性能进行检验；③若某些性能不满足要求，如应力过大，则需要根据实际情况对设计进行调整；④调整后的新设计重新回到步骤②再次进行检验。上述过程就是迭代—启发式过程，经过新设计的反复提出与检验，最终得出一个理想的设计方案。计算机在机械结构设计过程中的重要性毋庸置疑，上述优化设计中的迭代－启发式过程中的步骤②就是通过计算机实现的，如多体动力学（MBD）与有限元法（FEM）等。为了使迭代得到较高的计算效率与可信度，可以采用上述方法。然而，这些方法的应用无法对初始设计方案进行改善。

从概念上说，基于数学优化方法的机械优化设计和迭代－启发式设计还是有本质区别的。前者，数学优化问题是通过公式体现的，此时以由功能确定的需求为约束，且"尽可能好"是通过具体的数学语言来描述的。因此，在步骤（3）优化设计过程中，基于数学的优化设计方法比迭代－启发式更具自动实现功能。

机械结构的承载功能是本书主要的数学优化设计中的一类问题，而结构优化是对此类优化的定义。显然，并非一切因素均能够以数学优化方法加以分析，需要因素满足以物理量的方式进行测量的要求。通常来说，运用数学优化方法对力学参数加以衡量很容易实现，但是对于美学因素而言则存在一定难度。

5.2　结构优化设计数学模型

　　对于一个工程来说，可以对结构进行数学建模。其中，根据设计的实际情况与具体要求是能够适当调整与更改一些参数的，这些参数可以通过优化求解的过程来确定。在涉及的参数中，所谓"设计变量"是指各项独立的设计参数。优化主要是为了找出此类设计变量的最佳组合，以满足事先确定的限制条件。附加构件的位置、特定设计区域内材料分布是否存在、部分关键节点的坐标、板壳和膜的厚度，以及构件的特征量（如惯性矩或面积）、截面尺寸或长度等，均属于待定的设计参数。通常来说，连续变化是这些设计变量的主要特征。但是从工程实际情况出发，设计变量的连续变化体现得并不明显。举例说明，一组预先定义的离散数值是板的厚度或杆件的截面尺寸和形状得以确定的唯一依据。而此时的设计变量则是一组非连续变化的参数，这为优化求解过程增加了不小的难度。在绝大多数优化设计问题中（包括离散变量的优化设计问题），为了使求解工作的复杂性与难度有所降低，一般对设计变量的离散属性暂时不予考虑，而是将其视为连续变量加以处理与设计。在具体工作中应用较为广泛的方法之一便是分支定界法。一旦得出优化解，设计变量的最终取值即为最接近的离散值。

　　设计变量根据变量性质可以划分为以下五大类。

　　（1）材料性能设计变量，如弹性模量 E。

　　（2）构件尺寸设计变量，如杆件横截面的宽或高、横截面积 A。

　　（3）构件长度设计变量，如杆件的长度 L。

　　（4）结构形状设计变量，如结构构型控制节点的位置。

　　（5）结构拓扑设计变量，如代表材料存在的量。

　　结构优化设计工作的三个基本要素为约束条件、目标函数与设计变量。在优化设计问题中，优化设计所要追求的目标函数的最优解指的是能够对设计效果的优劣加以衡量的量化指标。举例说明，一般情况下，在飞行器结构优化设计中将设计指标设定为结构质量，而将目标函数的最优解设定为使结构质量最小的值；也可以将目标函数的最优解设定为使结构的成本或体积最小的值。与此同时，为了确保设计能够使结构功能得到有效发挥，在优化设计过程中，还可能设置一些对设计变量与结构性能实施限制的约束函数。例如，结构设计中基本的设计限制—强度准则。设计变量的隐函数、设计变量的非线性或线性函数都可以是约束函数。所谓非线性优化问题，主要指的是具体结构优化问题所涉及的约束函数与目标函数，这些大多都属于设计变量的非线性函数。约束函数与目标函数可以是以下项目之一。

（1）造价、体积或结构质量。

（2）结构指定点在规定载荷条件下的位移或变形。

（3）指定构件在规定的载荷条件下的应力或内力（剪力、弯矩或轴力）。

（4）构件或结构的失稳载荷。

（5）结构的固有振型节点或振动频率。

（6）结构指定点在规定动载荷条件下的某一频段内的频率响应函数幅值或动态响应。

根据实际问题的设计要求，在结构优化设计问题中，也常出现基于上述内容而自定义的函数或者以上几项的组（综）合。

通常来说，除极为简单的问题外，多数设计问题可以通过数值计算法得出有关结构的响应与性能，而在数值分析法中有限元法是较为常用的方法。此外，所谓单目标优化设计问题就是指优化设计仅有一个目标函数；多目标优化设计问题就是指优化设计不只存在一个目标函数，并且涉及目标之间存在一定的耦合性与相互制约。所谓Pareto解集，又指多目标优化设计得到的一组"非劣解"，具体表现为多目标优化设计可以求得一组解集，并且求得的该组解集中的任意一个解在所有目标上比其他解都要好。

寻求一组结构的设计变量的最优值时，一方面要满足约束条件，另一方面要使目标函数值最大或最小，这就是结构优化设计的基本任务。通过用数学公式来表示常见单目标结构优化设计问题，具体如下。

寻求所有设计变量的一组集合

$$\boldsymbol{X} = \left[x_1, x_2, \cdots x_n \right]^{\mathrm{T}} \tag{5-1}$$

使目标函数值最大或最小：

$$\min f(\boldsymbol{X}) \ \text{或} \ \max f(\boldsymbol{X}) \tag{5-2}$$

且满足以下约束条件：

$$g_i(\boldsymbol{X}) \leqslant 0 \quad (i=1,\ 2,\ \cdots,\ m) \tag{5-3}$$

$$h_i(\boldsymbol{X}) = 0 \quad (i=m+1,\ m+2,\ \cdots,\ p) \tag{5-4}$$

$$x_j^l \leqslant x_j \leqslant x_j^u \quad (j=1,\ 2,\ \cdots,\ n) \tag{5-5}$$

式中：$\boldsymbol{X}$——设计变量列向量；

　　$f(\boldsymbol{X})$——目标函数；

　　$g_i(\boldsymbol{X})$——不等式约束函数；

　　$h_i(\boldsymbol{X})$——等式约束函数；

　　x_j^l、x_j^u——设计变量 x_j 取值的下限和上限。

可行点或可行解指的是一个设计变量的列向量（设计点）$\boldsymbol{X} = \begin{bmatrix} x_1 & x_2 & \cdots & x_n \end{bmatrix}^{\mathrm{T}}$ 可以满足一切约束条件；可行域指的是一切可行点组成的集合，优解指的是使目标函数值最大或最小的可行解。

将实际工程中的优化设计问题转化为数学问题的一个关键步骤是建立结构优化的数学模型，充分反映设计方案的特点与内容、建立约束方程、确定目标函数以及选择设计变量等均为建立结构优化的数学模型的内容。公式（5-3）所示的不等式方程，代表结构性能（态）的约束条件。不等式约束函数通常将由全体设计变量构成的空间划分为两个部分，即不可行域与可行域。在某个约束的可行域边界上或者可行域内部均可能得出最优解。而设计空间的超曲面则由公式（5-4）的等式约束来表示。一般情况下，除了一些极为简单的结构，设计变量的显示难以通过结构的约束方程表达出来。此外，设计变量与设计变量之间也会存在一定形式上的联系，如保持结构的对称性等。几何或边界约束（side constraint），即公式（5-5）表示的约束函数，限定了设计变量的可选择范围。该约束函数可以将美学、工艺、制造、结构设计等方面的部分特殊要求体现出来。几何约束在结构优化中被单独处理，主要是为了降低问题的难度与规模，从而提高优化算法的效率。除此之外，虽然在优化模型中没有直接显示出结构的协调性条件与平衡条件，但是在结构分析中，必须使其得到满足。

5.3 结构优化基本思想和软件

5.3.1 结构优化基本思想

结构本身一方面代表物质的一种运动状态，另一方面又指一种观念形态。所谓结即结合，构即构造，两者之间的含义有所不同。在力学领域，人们将能够承受一定力的结构形态（本书中特指组成结构的材料分布）称为结构，结构可以对引起其大小和形状改变的力进行抵抗。优化指的是放弃不重要的方面，而使某一方面更加优秀，因此从本质上看，优的过程即折中的过程。结构优化指的是使某种结构最好，具体表现为基于结构形状的不确定，充分考虑结构所能实现的功能，使结构原始设计得以实现。图 5-2 为某一零件的初始设计域受固定与载荷约束，人们用一种理想结构来满足"最佳"的功能需求，即结构优化。

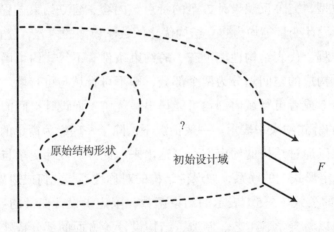

图 5-2　结构优化问题：找到一种结构，更好地将载荷传递到约束上

"最佳"是从目标角度出发的，使用目的不同则所代表的含义也不同，如对结构稳定性与结构屈曲不敏感时，在满足结构功能的情况下，表示刚度最大或质量最小等。显然，这些限制存在的价值是使结构更优化。如果没有对结构的材料进行限制，那么结构能够设计无限大的刚度，但与此同时人们就无法求得一个优化解。一般来说，几何形状、位移、应力等均是结构优化中所使用的约

束。需要注意的是，优化目标也可通过约束来体现。在结构性能表现方面，几何形状、位移、临界载荷、刚度以及质量等都是能测量的量。在结构优化中，人们可以将最小化或最大化的某些量作为优化目标，而将其他量作为约束。

5.3.2　结构优化软件

按照一定标准，从能够完成某一特定任务的所有可能方案中找出最优方案，即"优化"，只要所须解决的问题存在多种解决方案，就能够对其进行优化。在满足规范或某一特定要求下，使得结构的某些指标性能（如刚度、造价等）最佳，也就是说，按照某种标准（数学方法）与规则找出最优的解决方案，即"结构的优化设计"。

一般工程师在进行结构优化时，会根据结构概念与工作经验采取策略，如在扭转效应不明显、刚度无突变、结构布置传力直接等的情况下，使变量数目尽可能减少，从而得到最优的解决方案。

随着计算机技术的发展，人们或许可以将繁杂的遴选工作与方案比较工作交由计算机来完成。基于原有计算机结构与运算方法，利用数学的形式在计算机中将工程师的结构概念与工程经验表达出来，通过计算机程序实现人工智能，从而实现借助计算机对复杂结构进行优化的设想。

1.通用结构优化软件介绍

通常来说，结构优化是一个涉及面广且复杂的概念，具体表现在结构形式复杂多样、数值算法及优化模型种类繁多等方面。随着人们对结构优化原理研究的不断深入，计算机化的设计方法日趋成熟，使原有的设计方法得以改变，设计效率得以提高。建筑结构优化软件的开发与应用，在很大程度上提高了设计人员的工作效率；与此同时，基于软件带来的便利性，这些软件越来越受到业内人士的关注与重视。

目前，结构优化软件大致可以分为三大类。第一类结构优化软件主要来自不同领域的结构优化专家，他们在大量理论研究的基础上，结合本专业的主要特点，研究与开发出仅适用于本专业的结构优化软件。但此类优化软件通常适用范围较小，仅适用于个别典型结构的优化设计，并且优化效率相对较低。由于其绝大多数结构优化软件主要应用于科学研究，对实际工程的适应性相对较差。第二类结构优化软件主要来自传统的商业有限元软件开发商，他们在原有的有限元软件基础上增加了优化模块，其主要特点表现为运行稳定，其中ABAQUS 软件与 ANSYS 软件是该类型的代表性软件。第三类结构优化软件具有通用性，绝大多数通用有限元分析软件均可与该款软件的优化模块进行二次开发连接，即通过优化软件控制通用有限元分析软件进行优化设计，其中 Altair 软件是该类型的代表性软件。

（1）ANSYS 软件。ANSYS 软件本质上是一款大型通用有限元分析软件，由美国 ANSYS 公司研发并制造，是目前全球用量增长最快的计算机辅助工程软件，它可以与绝大多数计算机辅助设计软件接口，从而轻松实现数据的交换与共享。该款软件可以将声学、电磁学、流体学、热学、结构学的知识融合在一起，具备较为完善的用户化开发环境。只有当 ANSYS 软件的优化模块与参数化设计语言相结合时，才能将 ANSYS 软件优化设计功能充分发挥出来。ANSYS 软件的优化模块通常集成于 ANSYS 软件包之中。

ANSYS 软件的优化模块可以通过下列三大优化变量将优化过程描述出来。

①设计变量即优化自变量，结构优化可以通过设计变量数值的改变得以实现。各设计变量都有上下限，而设计变量的上下限即设计变量的变化范围。

②状态变量即约束条件，可以独立于设计变量，也可以是设计变量的函数。状态变量可能只有单方面的限制，也可能会有上下限。

③目标函数即结构优化目标，必须是设计变量的函数。目标函数的数值变化需要通过设计变量数值的改变才得以实现。

ANSYS 软件可以提供直接与间接两种优化方法。具体来说，第一种是直接优化法，又称零阶优化算法，它通过调整设计变量数值，用曲线拟合的最小二乘法逼近目标函数与状态变量，来求出目标函数与状态变量的响应曲面函数，然后基于此求出该函数的极值。此类方法适用于绝大多数的工程问题，属于一种通用方法，且大多应用于粗优化阶段。第二种是间接优化法，又称一阶优化算法，即在实际优化过程中，需要使用目标函数与状态变量对设计变量的偏导数。针对目标函数，通过将约束问题转化为非约束问题，采用与零阶优化算法相类似的方式，能够将约束条件转化为罚函数，同时使罚函数与目标函数共同成为无约束目标函数。一阶优化算法是一种可应用于局部优化的精确优化方法，使用因变量对设计变量的偏导数，在目标函数对设计变量的敏感程度的基础上，于每次的迭代中通过梯度计算搜索最优方向，并借助线性搜索法对无约束问题进行优化。所以每次迭代的结果都是下一次迭代的初始值，同时是一系列子迭代的组合，且迭代的过程需要经过多次循环。

　　通过下列步骤可以完成一个典型的 ANSYS 优化任务，优化设计流程及数据流向如图 5-3 和图 5-4 所示。

　　①构建优化分析文件。

　　a. 参数化建模，将需要参与优化的数据，通过 ANSYS 软件提供的参数化建模功能进行初始化，使得一个参数化分析模型得以构建，并为未来的模型修改创造条件。

　　b. 加载与求解，对结构的参数化分析模型进行加载与求解。

　　c. 后处理，将有限元结构分析结果提取出来，并对目标函数 *OBJ*（优化目标）与状态变量 *SV*（约束条件）进行赋值。

　　②构建优化控制文件。

　　a. 进入优化设计模块，指定优化分析文件。

　　b. 声明优化变量，采用用户的外部优化程序，选择优化方法与优化工具。

　　c. 指定优化循环控制方式。

　　d. 评价优化参数，通过将上次循环提供的优化参数与本次循环的优化参数（目标函数 *OBJ*、状态变量 *SV* 及设计变量 *DV*）进行比较，确定上次循环目标函数是否收敛，或者结构是否达到最优。如果已达最优，那么迭代完成，退出优化循环；否则需要根据当前优化变量的状态修正设计变量以及已完成的优化循环，然后再次投入循环。

　　③查看后处理设计结果与设计序列结果。

　　通常来说，借助图形交互与批处理两种方式可以实现 ANSYS 优化设计。在 ANSYS 软件中既可以通过与其他 CAD 软件连接导入模型的方式，也可以通过手工的方式完成模型的建立与修改。对于结构修改较多或复杂的项目，其结构修改与建模所占比重相对较大，优化所需时间较长，所以为了提高结构优化效率可以采用 APDL（ANSYS 参数化设计语言）。从本质上看，APDL 是基于 ANSYS 软件的交互式软件开发环境，由 ANSYS 软件提供给用户使用，并具有普通计算机语言的主要功能，它包括逻辑运算、循环语句、变量分支、赋值、定义等，从而使得结构的参数化建模或修改更加便利。

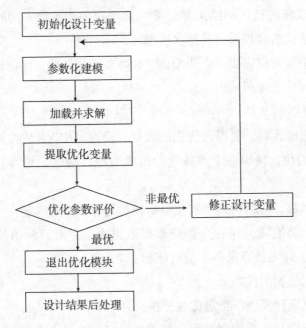

图 5-3 ANSYS 优化设计流程

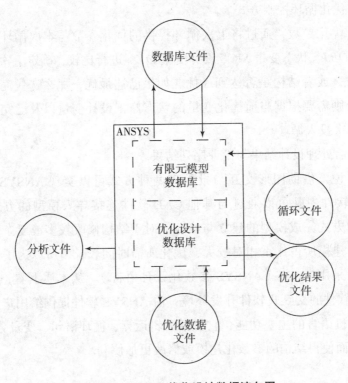

图 5-4 ANSYS 优化设计数据流向图

（2）ABAQUS 软件。ABAQUS 软件是一款基于有限元法的工程模拟软件，具有强大的功能，主要适用于极富挑战性的非线性模拟与相对简单的线性分析等问题。ABAQUS 软件既拥有各类材料模型库，又包含可模拟任意集合形状且丰富的单元库。ABAQUS/ Standard 与 ABAQUS/Explicit 是 ABAQUS 软件的两个主求解器模块，主要应用于隐式与显式计算。同时为了便于用户的可视化前后处理操作，ABAQUS 软件还包含一个全面支持求解器的图形交互界面——ABAQUS/CAE。

ABAQUS 拓扑优化模块（ATOM）是 ABAQUS 软件在第 6.11 版本中新增的模块，主要用于帮助用户实现结构精细化设计的迭代。其中，形状优化（shape optimization）与拓扑优化（topology optimization）是 ABAQUS 软件提供的两种优化方法。形状优化指的是为了实现结构局部减小应力集中的目的，在结构模型的指定区域不断移动表面节点；拓扑优化指的是通过在模型中增加与移走单元，或者通过优化分析对指定区域的单元材料形状不断进行修改，以达到最优设计目标。

ABAQUS 软件的优化模块基本术语介绍如下。

①设计区域：又称模型的优化区域。通常来说，模型的若干部分或某一部分，又或者整个模型都可以作为模型的优化区域。在一定的约束、载荷与边界条件下，形状优化为了达到最优化设计需要移动区域内节点，而拓扑优化为了达到最优目的，需要对区域中的单元材料进行删除或增加。

②设计变量：在设计中用以描述结构特性的量，其数值可以通过优化改变。在形状优化中，设计区域内表面节点坐标是设计变量，进行优化时节点向内或向外移动，在移动的过程中，表面节点移动的方向与大小会受到约束条件的影响。通过边缘节点位移的差值可以得到内侧节点，通过优化可以直接移动边缘节点。对于拓扑优化，设计变量指的是设计区域中的单元密度，从本质上看，该优化是通过使单元刚度与质量最大限度地变小，来达到其不再参与整体结构响应的目的。

③设计响应：从本质上看，它是对几何或载荷工况进行模拟后得到的输出数据量，这些数据量可以直接从 ABAQUS 软件的优化模块中的计算结果文件中读取出来，涉及频率、位移、刚度等。

④目标函数：又称优化目标，是在有限元分析的输出量中找出的一个范围

数值。采用多个设计响应可以对一个目标函数进行公式表达。如果将设计响应设定为目标函数的最大化或最小化，那么优化模块的计算方式是以增加设计响应值来引入目标函数的方式完成的。除此之外，如果存在若干目标函数，那么每个目标函数的影响程度都需要采用权重因子进行定义。

⑤约束：设计响应或设计变量的变化范围。

⑥设计循环：指设计变量在进行优化分析的过程中不断更新的过程。在此过程中，优化模块通过对 ABAQUS 软件的不断调用，实现了对模型的计算、修改以及结果读取的功能。其中，一个设计循环即一次迭代。

⑦停止条件：决定优化迭代停止的条件。

使用 ABAQUS 拓扑优化模块进行优化分析的步骤如下。

①创建分析模型及优化设计条件。

a. 创建 ABAQUS 分析模型。

b. 创建优化分析任务。

c. 创建设计响应。

d. 利用设计响应创建目标函数和约束条件。

e. 创建优化进程，提交分析。

②基于优化任务的定义和优化程序，进行迭代运算。

a. 准备设计变量、单元密度或表面节点位置。

b. 更新 ABAQUS 有限元模型。

c. 执行 ABAQUS/Standard 或 ABAQUS/ Explicit 程序，进行分析。

③迭代停止条件。

a. 达到最大迭代数。

b. 达到指定停止条件。

（3）BESO3D 拓扑优化软件。由澳大利亚皇家墨尔本理工大学左志豪和谢亿民等人研发的 BESO3D 拓扑优化软件，是在双向渐进结构优化法与渐进结构优化法的基础上实现的一次创新，目前用户可以通过澳大利亚皇家墨尔本理工大学官网下载与使用该软件。应用较为广泛的连续体拓扑优化方法包括双向渐进结构优化法与渐进结构优化法两种。1992 年 Steven 与谢亿民共同提出渐进结构优化法，该算法在简单算法的基础上使结构得到进一步优化，从而发展为一种最优形态，并逐渐删除了结构中的低效材料。渐进结构优化法通过与商用有限元分析软件进行连接，能够更加便捷地解决一系列优化问题，包括结构稳定、动力学、静力学等方面的问题。双向渐进结构优化法不仅可以将材料删减，还可以将其添加到最需要的部位。该方法的原理既简单又富有成效，目前已经被广泛应用于实际工程设计中，如卡塔尔国际会展中心。

　　独立的拓扑优化引擎与有限元分析软件内嵌于 BESO3D 拓扑优化软件中，能够与一些常用软件实现数据交换，如 ABAQUS、Rhinoceros 软件等。软件使用者一方面能够通过调用 BESO3D 实现结构的拓扑优化，另一方面优化后的结果可再次被调入 Rhinoceros 环境，以进行下一步的操作，例如，着色上光、表面光滑拟合等。另外，还可以利用 Rhinoceros 软件强大的建模功能，建立复杂的结构模型。

　　（4）HyperWorks 软件。HyperWorks 软件是由美国 Altair Engineering Inc 公司研发的一款 CAE 软件。该公司成立于 1985 年，是一家企业工程软件的领先供应商，该公司一直致力于为政府组织、高等院校、研究机构、企业开发用于高性能计算、信息可视化、优化、分析等方面的技术。HyperWorks 软件作为一个企业级 CAE 仿真平台，集合了众多先进技术工具，它涉及数据管理、作业提交、流程自动化、可视化、优化、分析、建模系统；与此同时，该平台还可以提供商用的 CAE 和 CAD 软件交互接口。

　　HyperWorks 软件的优化模块之一便是 HyperStudy，随机性研究、优化分析、响应拟合、灵敏度分析是其主要功能，如图 5-5 所示。借助开放的接口系统，不同的仿真工具（Fluent、RADIOSS、ABAQUS 以及 nCode 等）可以应用在不同的模型中，从而实现随机性、优化研究以及试验设计。作为设计研究工具，HyperStudy 模块可以帮助设计师与工程师完成多项任务，如对设计的可靠性进行评价、对复杂的多学科设计问题进行优化、对试验数据进行相关性研究、对 "Whatir" 进行研究以及改进相关设计等。HyperStudy 模块拥有目前较为先进的技术与算法，能够实现对设计质量与性能的快速提高与评估，其包括随机分析技术、试验设计以及最先进的优化算法。要想实现设计研究与引导用户定义，可以采用具有层次化的流程用户界面，其开放的架构能够很容易地集合成第三方求解器。HyperStudy 模块面对庞大的数据时，能应用其数据挖掘技术与全面的后处理技术，在最短的时间内分析与理解这些数据。

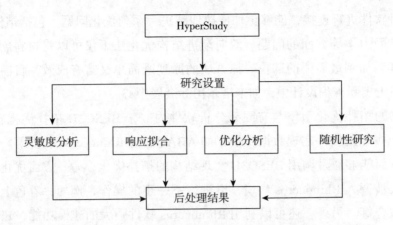

图 5-5 HyperStudy 模块的主要功能

任何可独立执行的分析程序或软件均允许在 HyperStudy 模块中被调用。举例说明，ETABS2013 软件要想在 HyperStudy 模块中被调用，需要具备开放的 API 接口。

2.建筑结构优化软件计算方法

结构优化软件开发工作是一项复杂且艰巨的系统工程，需要经历一个漫长且艰辛的过程，其工作量之大、内容之复杂超乎常人的想象。在此过程中，不仅需要充分考虑软件的可扩充性，还需要考虑软件的可操作性。力学分析是结构优化设计中的关键环节，这一过程要求结构分析软件与结构优化软件之间能够形成高效和自动的数据交换，而为了实现这一目标，要求所有通用结构优化软件的数据接口都可以与不同的结构分析软件相连接。此外，在进行结构优化软件设计的过程中，应当充分考虑软件的可控性与易用性。因为在某种程度上，软件的可控性与易用性存在一种对立关系，所以为了使软件更具易用性，结合实际应用情况，可以将其设计为与"黑匣子"相类似的形式。软件操作者只要输入一定的参数，软件便会自动生成计算结果。由于在工程设计中，结构的设计既重要又复杂，因此要想使软件具有一定的可控性，就要求设计者充分了解优化设计时所采用的各类方法，包括每个参数的控制方式。在软件领域，目前应用较为广泛的是设计向导方法，通过这一方法可以有效实现对工程结构优化设计过程的控制。在进行参数选择和确定软件内置的参数值的同时，要求将控制参数的设置方法也确定下来。在结构优化设计中，对于一般的设计人员，可以少修改或是不修改优化参数；而对于经验丰富的设计人员，为了更快更好地实现优化，可以合理控制与选择优化参数与算法。

通常来说，建筑结构优化计算需要经过三个阶段：第一个阶段是结构计算模型的建立，该阶段是通过数学语言对结构优化问题加以描述的，可以说，在这一阶段，工程师的基本工程经验发挥着至关重要的作用；第二个阶段是合理有效优化计算方法的选择，建筑结构优化计算日益完善，其先后经历了不同的发展阶段，而且每个阶段都有具有代表性的优化求解方法。早期有数学规划法、准则法等，中期有进化算法、模拟退火算法以及遗传算法，近些年又出现了响应曲面近似法、神经网络法等；第三个阶段通过编制通用优化程序实现优化计算，对于同一类型的设计方案，均可以借助通用的优化计算程序实现快速优化设计，从而确定最优设计方案。

数学规划法、力学准则法、仿生学法是目前优化算法的三大类型。

（1）数学规划法。所谓数学规划法指的是在结构优化中以数学规划形式求最优解的方法。具体来说，问题的最优解的确定需要在一定的设计空间内完成，也就是在由不等式约束半空间与等式约束超曲面构成的可行域内，找出位于最小目标等值面上的可行点。对于线性问题，要想获得全局最优解，只需要通过单纯形法便可以完成。随着科学技术的进步与发展，与之相关的一系列比单纯形法更高效的算法涌现出来，诸如 Karmarkar 算法与椭球算法，但是其优势只有当变量数目巨大时才得以体现。对于非线性问题，由于该问题形式具有一定的多样性，因此虽然有很多计算方法，但是尚未出现具有一定通用性且成熟的方法。目前已有的数学规划法有三种：第一种包括罚函数法等，是一种序列无约束极小化技术；第二种包括割平面法、序列二次规划法、序列线性规划法等，是一种线性近似技术；第三种包括广义简约梯度法、梯度投影法、可行方向法等，是一种探讨在约束边界处搜索的可行方向法。

（2）力学准则法。在结构优化设计中，为了获得问题的近似最优解或最优解，需要以数学规划、力学概念、工程经验的最优性条件为出发点，使某一准则提前建立起来，然后通过相应的迭代方法获得与这一准则相适应的设计方案，即力学准则法。满应力准则、同步失效准则、等强度设计准则等，大多是根据设计者的直觉与工程经验提出的，属于早期结构优化准则。20 世纪 60 年代末，由于受到数学规划法的影响，绝大多数学者以非线性规划中的最优性理论为基础，将不同约束条件下实现结构最优设计应当满足的准则推导了出来。在此类约束作用下，达到结构最优化设计时的能量分布情况可以通过这些最优准则体现出来，并根据约束类型来确定能量性质。力学准则法与数学规划法的普适性有所不同，它主要是借助结构优化问题的物理特征，将问题集中于最优解处的假设或一致的形态，使准则随着约束而发生改变。因此从应用角度出发，这种方法既有优点，也有缺点。优点为容易被工程设计者所理解与掌握，即使问题规模增大也不会影响它的计算量，其收敛较快，计算效率高；缺点是具有一定的局限性。

（3）仿生学法。从本质上看，仿生学是一门模仿生物的特殊本领，通过对生物体的结构与功能原理进行研究，设计与创造出各种新技术或机械的学科。人类在自然界中由最初的低等生命逐渐发展成为自然界的高级物种，本身就是一个不断优化的过程。目前，模仿自然界结构算法与模仿自然界过程算法是自然界进化算法的两大类，它具体包括神经网络法、模拟退火算法、遗传算法等。

通常来说，设计、分析、搜索、最优化设计是结构优化软件计算流程的四个阶段。首先是建立结构的初步模型，需要工程师根据建筑要求与工作经验完成此项工作；其次是对结构初步模型进行分析，需要借助通用分析模块实现对结构设计的分析计算与结果读取；再次是搜索阶段，从本质上看，搜索过程就是一个不断修改与优化的过程；最后是最优化设计。具体来说，软件优化模块在初步模型设计与分析计算结果的基础上，以优化算法的方式进行变量计算与设计实验，从而分析出第一次迭代结果，并将该结果重新带入第二阶段的通用分析模块中进行分析计算，若设计结果达到最优，即满足收敛条件，该阶段工作结束；若未能达到最优，需要继续进入下一步的循环，直至优化结果收敛，并最终实现最优设计。优化流程如图 5-6 所示。

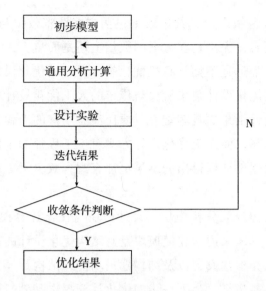

图 5-6　优化流程

需要注意的是，从数学角度出发，结构优化计算所得出的最优解与工程师选取的目标函数、约束条件、优化变量有紧密关联，只是给定条件下的最优解。但是在具体的工作过程中，结构设计是一个极其复杂的过程，由于约束条件与优化变量的数据量极其庞大，有时很难通过数学语言形式进行表达，因此在建立初步模型时，可以忽略次要因素，只抓主要因素。从某种意义上看，优化计算最终的结果并非绝对"最优"，它只是为计算得出最终结果发挥了一定的辅助作用，为结构优化设计提供了一定基础，软件结构优化后得出的结果不是真正所需的最终结果。工程师基于此结合工程实际情况，进行全面判断并做出适当修改与调整后，才能得出最优解。在此过程中，要想使结果更加接近最优解，考虑的影响因素就要更加全面、数学模型的表达就要更加完善。

3.建筑结构优化软件介绍

在建筑领域被广泛应用的结构优化软件是高层混凝土结构优化分析与设计软件（GSOPT 软件）。GSOPT 软件是在响应面算法的基础上编制的一款结构优化软件，通过将优化分析与混凝土结构计算相结合的方式，该软件能够顺利地被引入高层混凝土结构优化设计中，从而得出最优解。与人工优化设计的方法相比，通过优化软件进行优化设计更具优势。具体表现在三个方面：第一，从优化效率上看，工程师手动操作优化的效率明显低于计算机软件优化的效率，通常相差在两个数量级以上，其中效率包括方案调整效率与计算效率；第二，从方案选择性方面看，无论是在方案的数量上还是质量上，工程师手动操作设计的优化设计方案都远远不如计算机优化软件设计的优化设计方案，后者可行域更大；第三，从优化设计结果看，与传统的人工优化设计相比，计算机优化软件设计的优化设计结果更具客观性，要比经验丰富的工程师更容易得出较为理想的优化设计方案，而人工优化设计方案对于工程师的工作经验要求相对较高，因此通过优化软件计算得出的结果更加客观，减少了工程师主观因素对优化设计结果的影响。

建模模块、结构计算分析模块、设计模块与优化计算模块是 GSOPT 软件的四个组成模块。具体来说，建模模块是对结构优化设计的前处理，涉及构件优化分组、整体计算参数设置以及结构建模功能；结构计算分析模块的存在意义是计算出结构性能指标，为下一步的优化计算提供基础，该过程需要严格按照规范要求进行构件设计与结构抗震计算；设计模块是对软件整体的设计与把控；优化计算模块是该软件的核心部分，发挥着至关重要的作用，所有迭代计算以及最优解的得出均需要通过这一模块完成，该模块能够对结构模型进行自动修改，同时能够通过结构计算分析模块与设计模块的重新计算，对最优解进行验证。

5.4 结构拓扑与形状的优化

5.4.1 基于无网格法的连续体结构拓扑优化

1.基于无网格法的连续体结构拓扑优化基本原理

（1）无网格法介绍。20 世纪 70 年代，Lucy 用光滑粒子法解决无边界天体物理的问题，但是由于此方法存在计算精度低等问题，并未形成真正意义上的无网格法。1995 年，再生核粒子方法的出现预示着无网格法的诞生。追溯历史，该方法先后经历了三个阶段，第一个阶段是基于核近似的无网格法，第二个阶段是基于最小二乘近似的无网格伽辽金法，第三个阶段是单元分解无网格法。在无网格法的发展过程中还出现了许多具体方法，诸如边界节点方法（BNM）、局部边界积分方程方法（LBIE）、无网格局部 Petrov-Galerkin 方法（MLPG）、再生核粒子方法（RKPM）等。

　　从字面上理解，无网格法就是计算过程中仅需要利用易于生成的更为自由与灵活的网格，或者完全不利用预定义的网格信息的一个方法，具体来说就是在建立问题域的系统代数方程时进行域离散的方法。无网格法是指某一问题域及其边界，通过一组散布在该问题域中以及域边界的节点来表示（而非离散），这些节点称为场节点，无须任何预定义连接信息便可做到场变量未知函数的近似表达式的构造。

　　无网格法与有限元法有许多不同之处，如图 5-7 所示。

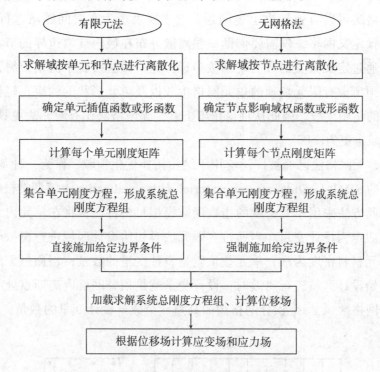

图 5-7　无网格法和有限元法求解步骤比较

　　（2）无网络法用于连续体拓扑优化。绝大多数情况下，连续体拓扑优化问题是在有限元法的基础上实现的。目前，该优化结果被广泛应用于汽车、航天等工程领域，这主要得益于拓扑优化商业软件的问世以及拓扑优化设计技术的不断发展。具体到飞机与汽车零件的拓扑优化，因其外形轮廓的整体或局部是有约束条件的，故采用有限元网格进行划分存在一定难度，因为初始设计域内可能有特殊或复杂的几何形状；与此同时，几何推理与有限元网格有密切联系。具体来说，网格划分的疏细程度取决于结构的几何形状，在最优结构的拓扑形式未知的前提下，结构的拓扑优化结果直接受制于网格划分的疏细程度；并且拓扑优化设计的灵敏度信息只与边界息息相关，若使用有限元法还需要将内部节点信息外推至边界节点。因此要想求出最优解，需将灵敏度分析与自动划分网格、边界描述紧密联系在一起。但这存在一定的复杂性，在此过程中出现的网格单元还会影响数值的稳定性，从而引发一系列不稳定现象，诸如网格依赖性、棋盘格、单元间铰接、刚度矩阵奇异等，这些都是采用有限元法进行拓扑优化存在的问题。

无网格法可以有效解决上述问题。它主要表现为在对问题域进行离散时，无须借助预定义网格，仅需要借助一些离散分布在域内或域边界的节点，在这些节点上通过定义紧支函数实现函数逼近。这一做法摆脱了网格束缚，其优点表现为无须考虑有限元烦琐的单元网格生成以及单元形状的约束，轻松实现了设计区域的精确离散。因此从理论角度上看，无网格法比有限元法更具灵活性，其应用领域也更为广阔。

目前，无网格法已经被广泛应用于结构拓扑优化领域，作为一种基结构法，拓扑优化的 SIMP（solid isotropic material with penalization）模型常被研究人员所采用。此方法采用单元密度的指数函数模拟材料特性，将在单元内为常数的材料密度假定为设计变量。当通过有限元法对初始设计区域进行离散时，设计变量以单元材料密度为准，单元数量就是设计变量的数量；当通过无网格伽辽金法对初始设计区域进行离散时，设计变量就是积分网格内高斯点处的材料密度，积分网格数 × 每个积分网格内的高斯点个数 = 设计变量的数量，如图 5-8 所示。

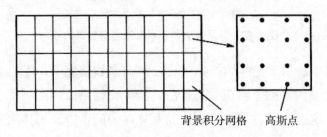

背景积分网格　　　高斯点

图 5-8　无网格伽辽金法积分网格与高斯点

指定设计区域为 Ω，设计变量为 $E_{ijkl}(x)$。弹性体的内力虚功如式（5-6）所示。

$$a(u，v) = \int_{\Omega} E_{ijkl}(x)\varepsilon_{ij}(u)\varepsilon_{kl}(v)\mathrm{d}\Omega \qquad (5\text{-}6)$$

式中：u——实际位移；

　　　v——虚位移。

线应变：

$$\varepsilon_{ij}(u) = \frac{1}{2}\left(\frac{\partial u_i}{\partial x_j} + \frac{\partial u_j}{\partial x_i}\right) \qquad (5\text{-}7)$$

外力势能：

$$l(u) = \int_{\Omega} fu\mathrm{d}\Omega + \int_{\Gamma} tu\mathrm{d}\Gamma \qquad (5\text{-}8)$$

式中：f——体力；

　　　t——边界力。

由虚功原理可知，对任一弹性体可表示为

$$a(u，v) = l(v) \qquad (5\text{-}9)$$

拓扑优化的关键是在外载荷作用下，选定目标代表的最佳拓扑结构。研究发现，最佳拓扑结构就是变形能最小的结构，因此本节将目标函数结构变形能设为最小，又称柔量最小。所以结构设计问题的优化数学模型表达式为

$$\begin{cases} \min\limits_{u \in U，E} l(u) \\ a_E(u，v) = l(v)\,(v \in U，E \in E_{ad}) \end{cases} \qquad (5\text{-}10)$$

式中：E_{ad}——弹性模量的集合。在拓扑设计中，E_{ad} 由所有弹性模量组成，即材料处和孔洞处的材料弹性模量。

在进行拓扑优化设计的过程中，拓扑优化设计的具体方法取决于材质参数 E 的不同定义，例如相对密度法、均匀化方法等。本节在进行连续体结构的拓扑优化设计时采用的是相对密度法。

从本质上看，在确定的某一设计区域内寻求材料的最优布局就是结构的拓扑优化。具体来说，就是对设计区域内空洞点与材料点的确定，其数学模型为：

$$\begin{cases} E_{ijkl} = l_{\Omega^{\mathrm{mat}}} E^0 \\ l_{\Omega^{\mathrm{mat}}} = \begin{cases} 1 & \left(x \in \Omega^{\mathrm{mat}} \right) \\ 0 & \left(x \in \dfrac{\Omega}{\Omega^{\mathrm{mat}}} \right) \end{cases} \\ \displaystyle\int_{\Omega} l_{\Omega^{\mathrm{mat}}} \, \mathrm{d}\Omega = \mathrm{Vol}\left(\Omega^{\mathrm{mat}} \right) \leqslant V \end{cases} \quad (5\text{-}11)$$

式中：E^0——所选材料的弹性模量；

Ω^{mat}——材料区域；

V——设计区域 Ω 所占的体积，不等式表示对材料用量的约束；

$\Omega \setminus \Omega^{\mathrm{mat}}$——无材料区域。

显然，上述问题是极具代表性的离散变量优化问题。由于设计区域内的所有节点不能全部作为设计变量，因此必须对该区域进行离散，设计变量由每个高斯点或单元来表示。通过引入惩罚因子 P 与连续变量 ρ_i，用连续变量 ρ_i 取代公式（5-11）中的离散变量 $l_{\Omega^{\mathrm{mat}}}$，将优化模型转化为连续变量的优化模型：

$$\begin{cases} E = \rho_i^P E^0 & \left(P \geqslant 1, \ \eta(x) \in L^{\infty}(\Omega) \right) \\ \displaystyle\int_{\Omega} \rho_i \, \mathrm{d}\Omega \leqslant V & \left(0 \leqslant \rho_{\min} \leqslant \rho_i \leqslant 1 \right) \end{cases} \quad (5\text{-}12)$$

式中：$L^{\infty}(\Omega)$——最优解所对应的函数。

由于连续体结构拓扑优化用一个连续变量的优化问题取代 0、1 整数优化问题，因此在优化设计中，能够采用各类有效的连续变量优化方法。

通过将惩罚因子引入相对密度法，获得 SIMP 模型；若是未引入惩罚因子 P，便会出现中间密度。此处体积约束是积极的，在设计中，若想得到无中间密度的优化结果，则需要选择足够大的惩罚因子。通常来说，材料的泊松比 ν 会影响惩罚因子的选取。拓扑优化问题的 SIMP 法连续形式数学模型表达式为

$$\begin{cases} \min_{u \in U, \ \rho} l(u) \\ a_E(u, \ v) = l(v) \, (v \in U) \\ E = \rho_i^P E^0 \, (P > 1) \\ \displaystyle\int_{\Omega} \rho_i \, \mathrm{d}_{\Omega} \leqslant V \, (0 < \rho_{\min} \leqslant \rho_i \leqslant 1) \end{cases} \quad (5\text{-}13)$$

式中：ρ_i——拓扑设计变量，这里引入密度 $\rho_{\min}$ 的下限是为了阻止等式方程产生

奇异解，本节取 $\rho_{\min} = 0.001$;

E^0——材料的弹性模量;

P——中间密度材料的惩罚因子。

密度插值在材料特性 0 和 E^0 之间进行:

$$E_{ijkl}(\rho = 0) = 0 \qquad\qquad (5\text{-}14)$$

$$E_{ijkl}(\rho = 1) = E^0 \qquad\qquad (5\text{-}15)$$

2.基于无网格法的连续体结构拓扑优化数学模型的求解

从工程视角出发，提出当结构达到优化设计时所应满足的某些准则，再用迭代的方法求出满足这些准则的解，即为优化准则法。满应力准则是最早提出的一种优化准则法，该方法在某种意义上可以最大限度地将材料强度的潜力发挥出来。作为一种求解拓扑优化问题的有效方法，优化准则法的优势表现为程序设计工作量在可承受范围内，并且在优化过程中，对设计变量个数的限制不大，通过选取适合的偏移量与阻尼系数，基本都能实现快速收敛，从而得出最优解。合适准则的选取对于优化准则法而言至关重要。下面通过分析该领域的相关研究，对优化准则法应用于无网格拓扑优化模型的求解过程进行介绍。

使用拉格朗日乘子法施加本质边界条件，得到:

$$\overline{K}\,\overline{d} = \overline{F} \qquad\qquad (5\text{-}16)$$

式中: $\overline{K} = \begin{bmatrix} K & G \\ G^{\mathrm{T}} & 0 \end{bmatrix}$;

$\overline{d} = \begin{Bmatrix} \overline{U} \\ \Lambda \end{Bmatrix}$;

$\overline{F} = \begin{Bmatrix} F \\ Q \end{Bmatrix}$。

采用无网格伽辽金法，离散形式的优化模型表达式为

$$\begin{cases} 求\ \boldsymbol{\rho} = (\rho_1, \cdots, \rho_n)^{\mathrm{T}} \\ 使\ \min C = \overline{F}^{\mathrm{T}} U \\ \overline{K}\,\overline{d} = \overline{F} \\ V = f \cdot V_0 \\ 0 < \rho_{\min} \leqslant \rho_i \leqslant 1 \end{cases} \qquad (5\text{-}17)$$

式中：C —— 结构的总体柔度；

V_0 —— 整个设计域的初始体积；

V —— 优化后的结构体积。

无网格伽辽金法通过高斯积分对刚度矩阵进行组装，因此在应用 SIMP 模型时，设计变量即第 i 个高斯点所表示示面积处的相对密度，用 ρ_i 来表示。

求解公式（5-17）的 SIMP 模型时，若采用优化准则法则需要引入梯度。由于约束与目标函数仅存在一个设计变量——密度 ρ_i，因此较为容易推导出梯度。

（1）位移对设计变量 ρ_i 的偏导数 $\dfrac{\partial \overline{d}}{\partial \rho_i}$。在整体平衡方程式（5-16）两边对设计变量 ρ_i 进行求导，得

$$\frac{\partial \overline{K}}{\partial \rho_i}\overline{d} + \overline{K}\frac{\partial \overline{d}}{\partial \rho_i} = \frac{\partial \overline{F}}{\partial \rho_i} \qquad (5\text{-}18)$$

由于载荷 $\overline{F}$ 是独立设计变量，相对于密度 ρ_i 是常数，所以 $\dfrac{\partial \overline{F}}{\partial \rho_i} = 0$，故

$$\frac{\partial \overline{K}}{\partial \rho_i}\overline{d} + \overline{K}\frac{\partial \overline{d}}{\partial \rho_i} = 0 \qquad (5\text{-}19)$$

式中：$\dfrac{\partial \overline{K}}{\partial \rho_i} = \begin{bmatrix} \dfrac{\partial K}{\partial \rho_i} & \dfrac{\partial G}{\partial \rho_i} \\[2ex] \dfrac{\partial G^{\mathrm{T}}}{\partial \rho_i} & \mathbf{0} \end{bmatrix} = K_{ei}$；

$\dfrac{\partial \overline{d}}{\partial \rho_i} = \begin{bmatrix} \dfrac{\partial U}{\partial \rho_i} \\[2ex] \dfrac{\partial \Lambda}{\partial \rho_i} \end{bmatrix}$。

（2）体积对设计变量 ρ_i 的偏导数。因材料体积 $V = \displaystyle\sum_{i=1}^{N}\rho_i v_i$，所以

$$\frac{\partial V}{\partial \rho_i} = v_i \qquad (5\text{-}20)$$

式中：v_i ——第 i 个高斯点所表征区域的面积。

（3）目标函数的偏导数。在拓扑优化设计中，希望借助较为有效的方式获取符合应用要求的约束数目，因此在计算导数时，应当采用伴随矩阵法，而非

直接计算位移的导数。

对最小柔量问题，通过加零函数来改写目标函数，得

$$C(\rho) = \overline{\boldsymbol{F}}^{\mathrm{T}} \overline{\boldsymbol{d}} - \tilde{\boldsymbol{u}}^{\mathrm{T}} \left(\overline{\boldsymbol{K}} \, \overline{\boldsymbol{d}} - \overline{\boldsymbol{F}} \right) \qquad (5\text{-}21)$$

式中：$\tilde{\boldsymbol{u}}$——任意固定的实矢量。

根据公式（5-21）求导密度 ρ_i，得

$$\frac{\partial \boldsymbol{C}}{\partial \rho_i} = \left(\overline{\boldsymbol{F}}^{\mathrm{T}} - \tilde{\boldsymbol{u}}^{\mathrm{T}} \, \overline{\boldsymbol{K}} \right) \frac{\partial \overline{\boldsymbol{d}}}{\partial \rho_i} - \tilde{\boldsymbol{u}}^{\mathrm{T}} \frac{\partial \overline{\boldsymbol{K}}}{\partial \rho_i} \, \overline{\boldsymbol{d}} \qquad (5\text{-}22)$$

当 $\tilde{\boldsymbol{u}}$ 满足伴随矩阵方程 $\overline{\boldsymbol{F}}^{\mathrm{T}} - \tilde{\boldsymbol{u}}^{\mathrm{T}} \, \overline{\boldsymbol{K}} = 0$ 时，得

$$\frac{\partial \boldsymbol{C}}{\partial \rho_i} = -\tilde{\boldsymbol{u}}^{\mathrm{T}} \frac{\partial \overline{\boldsymbol{K}}}{\partial \rho_i} \, \overline{\boldsymbol{d}} \qquad (5\text{-}23)$$

由柔量的表达式，可以直接得到 $\tilde{\boldsymbol{u}} = \overline{\boldsymbol{d}}$，从而可得到目标函数的导数：

$$\frac{\partial \boldsymbol{C}}{\partial \rho_i} = -\overline{\boldsymbol{d}}^{\mathrm{T}} \boldsymbol{K}_{ei} \, \overline{\boldsymbol{d}} \qquad (5\text{-}24)$$

Sigmund 等提出的优化准则法中的优化准则设计变量迭代格式表示为

$$\rho_i^{k+1} = \begin{cases} \max\left\{\rho_{\min}, (1-m)\rho_i^k\right\} \left[\rho_i^k \left(B_i^k \right)^{\xi} \leqslant \max\left\{\rho_{\min}, (1-m)\rho_i^k\right\} \right] \\ \rho_i^k \left(B_i^k \right)^{\xi} \left[\max\left\{\rho_{\min}, (1-m)\rho_i^k\right\} < \rho_i^k \left(B_i^k \right)^{\xi} < \min\left\{\rho_{\max}, (1+m)\rho_i^k\right\} \right] \\ \min\left\{\rho_{\max}, (1+m)\rho_i^k\right\} \left[\min\left\{\rho_{\max}, (1+m)\rho_i^k\right\} \leqslant \rho_i^k \left(B_i^k \right)^{\xi} \right] \end{cases} \quad (5\text{-}25)$$

式中：$B_i = \dfrac{-\partial C / \partial \rho_i}{\lambda \partial V / \partial \rho_i}$；

λ——拉格朗日乘子。

由于在一个迭代单元 i 中，不允许发生由无材料至有材料的较为明显的变化，因此在设计变量中需要引入移动项 m。公式（5-25）中的阻尼系数用 ξ 来表示，ξ 与 m 的变化范围都是从 0 到 1，将两者引入公式（5-25）中主要是为了使迭代更具稳定性。

在拓扑优化中经常出现一种数值不稳定的现象，这一现象与采用有限元法时出现的棋盘格相类似，主要是由一些结构上不连续的散乱点组成的，这些点称为点态棋盘格。鉴于上述棋盘格与 SIMP 插值模型现象的出现，为了解决这一问题，

部分学者提出了一些可行性建议。例如 Sigmund 提出的灵敏度过滤技术，该项技术在解决点态棋盘格问题上具有重大意义，具体来说，就是在拓扑设计中，通过对半径大小与高斯点高度进行控制与协调，获得一种较好的拓扑结构。

3.基于无网格伽辽金法的连续体结构拓扑优化数学模型的求解流程

在 MATLAB 平台上实现了对连续体结构拓扑优化理论的实际应用，该优化算法的求解流程如图 5-9 所示。

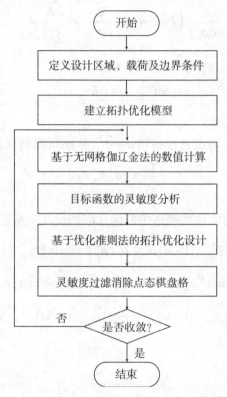

图 5-9　基于无网格伽辽金法的连续体结构拓扑优化流程图

在某种程度上，基于有限元法与基于无网格法拓扑优化数学模型的求解流程具有一定的相似性。但是运用无网格法计算结构优化数值时，求解域需要按照节点进行离散化处理，促使生成用来数值积分的网格，且使高斯点出现在每个网格内，然后对其进行扫描，并根据影响域半径将该高斯点影响域内的全部节点确定下来。根据节点循环，对每个节点的刚度矩阵进行计算，然后将计算结果集合成总刚度方程组。通过拉格朗日乘子法对位移边界施加条件，求出位移参数向量，然后根据求得结果按照流程图进行下一步的计算。

无网格伽辽金法所具有的优势在于能够解决复杂拓扑优化问题。应用 ANSYS、AutoCAD 等软件及针对复杂结构的有效求解结果，可以轻松实现可视化。

应用 MATLAB 程序可以直接自动实现算例前处理的自然边界条件的添加、本质边界条件的处理、区域节点的离散。当然，该程序的应用也存在一定的局限性，诸如通用性较差，仅可使结构尺寸发生改变。从本质上看，它仅能被视为在连续体结构拓扑优化领域中，对应用无网格伽辽金法的一种可行性验证。

5.4.2　结构形状优化

1.形状优化基本原理

作为结构优化领域中的一个重要分支，结构形状优化被广泛应用于工程领域。结构形状优化的优势主要体现在详细设计阶段，它能够获得最为理想的边界与形状。结构形状优化首先要建立数学模型，然后通过合适的优化算法得出最优解。人们常采用数学规划法这一优化求解算法，它对问题要求相对较为严格，且仅能在局部寻求最优解。随着优化算法的不断发展，人们开始尝试将仿生学的思想应用于结构形状优化中，其中凭借自身优势得到广泛应用的算法是遗传算法。

在结构形状优化设计中，按照以往的优化方法，无论是对约束条件还是目标函数均有较为严格的要求，仅能在局部求出最优解。而微观遗传算法在结构形状优化设计中的应用有效地解决了这一问题，一方面约束条件与目标函数不再受到限制，实现与提高了全局寻优的能力；另一方面既节省了结构优化计算的时间，又减少了结构分析的次数。有人通过算例，对此方法的正确性进行了验证。对此，本节将采用微观遗传算法进行结构形状优化，并通过算例之间的对比，对微观遗传算法的优越性进行验证。

首先是采用数学语言方式表达设计变量，然后通过样条曲线描述结构的边界形状。结构边界形状会随着边界样条曲线上关键点的移动而发生变化。将优化目标设定为结构的体积 V（最小），以边界样条曲线上的关键点坐标为设计变量，构造形状优化的数学模型。

$$\begin{cases} \boldsymbol{X} = \begin{bmatrix} x_1, & x_2, \cdots, & x_n \end{bmatrix} \\ \min f(x) = V \\ a_i \leqslant x_i \leqslant b_i \ (i = 1, 2, \cdots, n) \\ g_j(\boldsymbol{X}) = \dfrac{\sigma}{[\sigma]} - 1 \leqslant 0 \left(j = 1, 2, \cdots, n_j \right) \\ g_k(\boldsymbol{X}) = \dfrac{s}{[s]} - 1 \leqslant 0 \left(k = n_j + 1, n_j + 2, \cdots, n_j + n_k \right) \end{cases} \quad (5\text{-}26)$$

式中：$g_j(\boldsymbol{X})$——系列应力约束；

$g_k(\boldsymbol{X})$——系列边界几何约束，控制边界的光滑变化；

a_i、b_i——设计变量 x_i 的上下限；

σ——实际应力；

s——实际边界几何量；

$[\sigma]$——许用应力；

$[s]$——许用边界几何量。

2. 微观遗传算法应用于形状优化的流程

由于遗传算法中引导与评估搜索的唯一依据是适应值，因此通常采用惩罚方法来解决约束条件。具体表现：惩罚违反约束条件的情况，并将惩罚效果通过适应值体现出来，促使不可行域的解对应个体的适应值偏小，从而使得繁殖受到约束。如此一来，约束问题便可以转化为无约束问题。利用外点罚函数法构造如式（5-27 所示的）形状优化的罚函数

$$\begin{cases} \varphi\left(\boldsymbol{X}, M^{(k)}\right) = f(\boldsymbol{X}) + M^{(k)} \sum_{u \in I_1} \left[\left\{ \max\left\{ g_u(\boldsymbol{X}), 0 \right\} \right\}^2 + M^{(k)} \sum_{u \in I_2} \left\{ \min\left\{ 0, \ g_u(\boldsymbol{X}) \right\} \right\} \right]^2 \\ I_1 = \left\{ u \mid g_u(\boldsymbol{X}) > 0, \ u = 1, 2, \cdots, \ m \right\} \\ I_2 = \left\{ u \mid g_u(\boldsymbol{X}) < 0, \ u = 1, 2, \cdots, \ m \right\} \end{cases}$$

$$(5\text{-}27)$$

式中：$M^{(k)}$——一个递增的数列，即 $M^{(0)} < M^{(1)} < \cdots < M^{(k)}$，$\lim\limits_{k \to \infty} M^{(k)} = \infty$，

$M^{(k)} = CM^{(k-1)}(C > 1)$。

一般来说，遗传操作、适应度函数计算以及染色体编码是微观遗传算法的三个组成部分。其中，通过精英保留策略与联赛选择的方式进行算子的选择，并在这一过程中，实现了变异算子的省略。微观遗传算法的实现流程如图 5-10 所示。

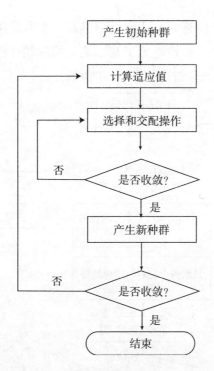

图 5–10　微观遗传算法的实现流程图

在选择和交配操作的环节完成后，对生成的新个体进行判断，如果有优于上一代的新个体出现，那么进行种群收敛判断，并对新生成的个体进行保存，同时与随机生成的 $n-1$ 个新个体组合成新种群（n 为种群规模）。否则需要继续循环以上操作，直至产生优于上一代的新个体。

（1）染色体编码。一般情况下，编码是采用遗传算法进行计算时的首要环节。编码方法在计算过程中发挥着重要作用，无论是遗传算子的计算方法，还是个体从搜索空间的基因型转向解空间的表现型的解码方法，以及个体的染色体排列形式，均取决于编码方法。本节采用了运用较为广泛的遗传算法中的二进制编码法。所谓二进制编码法就是指将原问题的解映射成由 0、1 组成编码串的遗传空间，而设计变量的函数则通过二进制串来表示。此类编码方法的优势在于可以表达多种模式，同时方法简单，易于操作。

（2）遗传算子的选择。基于种群个体的适应值评估，按照优胜劣汰的方式对种群中的个体进行选取，同时将此方法遗传至下一代种群的运算操作，人们称之为选择算子。通常来说，种群中个体的适应值直接决定了该个体遗传至下一代种群的概率。适应值越大，遗传概率越高。本节采用精英保留策略与联赛选择相结合的选择方法，有效避免了基因缺失的问题，使计算效率与全局收敛性都得到了提高。具体选择过程如图 5-11 所示。

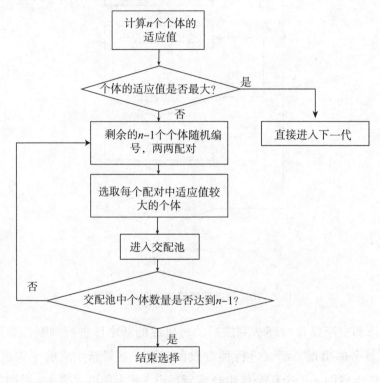

图 5-11　遗传算子选择过程流程图

在遗传算法中能够生成新个体的关键方法是交叉算子，它具有十分重要的意义。该方法是按照某种方式对两个配对的染色体之间的部分基因进行交换，从而促使两个全新个体的产生。通常来说，一致交叉策略是微观遗传算法中所采用的策略。具体过程如下。

①对应于交配池中父代 1 的二进制串的每一位，产生一个在 0 到 1 之间的随机数。

②如果某一位上的随机数大于设定的交叉概率，就将这一位与其对应的父代 2 中相应位的值进行交换，否则保留原有值。

（3）适应度函数。通常来说，约束优化问题是在满足约束条件的情况下，找出使目标函数最小化或最大化的设计向量解。因此就结构形状优化问题而言，要求确定个体评价方法，也就是建立形状优化遗传算法的适应度函数。一般情况下，对解的质量的度量要通过适应度函数实现，在遗传演化中它只能通过适应值进行优化选择，适应值与个体遗传概率之间成正比例关系。适应值越大，个体遗传到下一代的概率就越高，反之则越低。本节中求体积的最小值是形状优化的目标，因此要想求解，就需要将目标映射成对应的适应值，要求该适应值不小于 0。并且个体性能随着适应值的变化而变化，适应值越大，个体性能便越好。利用外点罚函数法构造的适应度函数为：

$$\phi'\left(\boldsymbol{X}，M^{(k)}\right)=\begin{cases} C_{\max}-\phi\left(\boldsymbol{X}，M^{(k)}\right) & \left[\phi\left(\boldsymbol{X}，M^{(k)}\right)<C_{\max}\right] \\ 0 & \left[\phi\left(\boldsymbol{X}，M^{(k)}\right)\geqslant C_{\max}\right] \end{cases} \quad （5-28）$$

式中：$C_{\max}$——足够大的常数。

本节采用 VB 语言编制了微观遗传算法程序，将 ANSYS 软件作为有限元分析工具，并在有限元分析软件与遗传程序之间，以文件交换的形式实现彼此之间的交互。如此一来，有限元分析软件包中的结构分析程序以及强大的前后处理功能便可以得到充分利用。

要想验证该方法的正确性与合理性，可以通过下面的悬臂梁形状优化实例实现。悬臂梁初始结构形状如图 5-12 所示，悬臂梁末端作用的弯矩 m=4.5 N·m、l=0.1 m、b=1×10⁻² m、t=3×10⁻³ m、弹性模量 E=1×10¹¹ N/m²、泊松比 μ =0.3。形状优化的对象是梁长度方向，应使梁的体积最小；要求梁中任一点的最大应力不超过 3×10⁸ N/ m²，梁任何一处的竖向变形不超过 5×10⁻³ m，同时要求弯矩作用处的厚度 t 不变。

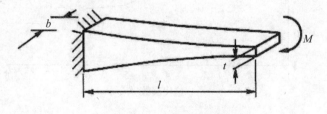

图 5-12 悬臂梁模型

首先对悬臂梁模型进行平面化处理，再进行对称简化处理，从而得出有限元模型，其 1/2 模型如图 5-13 所示。

将悬臂梁末端的弯矩等效为相距 t 的一对集中力 F，在节点 1 上施加全约束，在节点 1、6 上施加反对称位移约束，分别在 1 ～ 5 各个节点施加对称位移约束。通过采用参数化建模方法建立模型，设计变量分别为 $L16$、$L27$、$L38$、$L49$ 的长度，将悬臂梁的边界形状通过 5 个节点 6 ～ 10 的样条曲线进行描述。设置微观遗传算法的选择概率为 0.5，进化代数为 8，种群规模为 5。

优化前后形状对比如图 5-14 所示，最佳目标函数随进化代数变化的过程如图 5-15 所示，而优化前后约束的变化情况、目标函数以及设计变量则如表 5-1 所示。

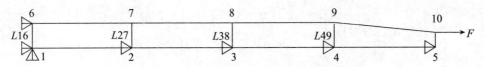

图 5-13　悬臂梁 1/2 有限元模型

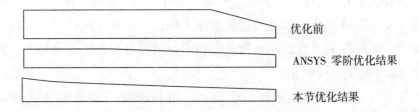

图 5-14　悬臂梁优化前后形状对比

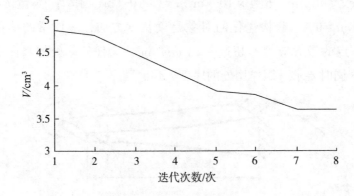

图 5-15　体积进化曲线图

由表 5-1 可知，采用微观遗传算法进行悬臂梁形状优化后，其体积与优化前相比减小了约 24.7%，所得结果与 ANSYS 零阶优化结果极为相近。与零阶优化方法相比，微观遗传算法的收敛速度较快，迭代次数较少。与此同时，微观遗传算法无须进行灵敏度信息的求解，对优化问题约束条件与目标函数要求较低，对于设计变量与目标函数之间难以实现显式表达的结构优化问题实现了有效解决，为大型复杂结构形状优化问题的求解提供了思路。

表 5-1 悬臂梁优化前后比较

优化前后对比		长度 / (×10⁻²m)				体积 / (×10⁻⁶)	最大应力 / (×10⁴N·m⁻²)	最大位移 / (×10⁻³ m)
		L16	L27	L38	L49			
优化前		0.25	0.25	0.25	0.25	4.812 5	25 395.2	0.221 06
优化后	ANSYS零阶优化方法（迭代13次）	0.20	0.20	0.18	0.16	3.615 6	29 740.0	0.499 22
	微观遗传算法（迭代8次）	0.23	0.19	0.18	0.16	3.625 7	29 803.4	0.494 27

第6章　工程机械材料优化设计

6.1　工程机械材料的种类

常用的工程材料分为四大类：金属材料、陶瓷材料、高分子材料和复合材料。

6.1.1　金属材料

金属材料是由一种或多种金属元素构成的材料，也可以含有非金属元素。金属材料可分为两大类：有色金属材料与黑色金属材料。目前，虽然钢铁材料的应用较广泛，但一些高科技行业，例如航空航天等领域使用的金属材料大多为既有较低密度又有较高承载能力的合金材料或轻金属材料，如钛、镁、铝等及其合金。

6.1.2　陶瓷材料

陶瓷材料指由金属和非金属元素的化合物所构成的各种无机非金属材料的统称，其基本原料为各种人工合成或天然的化合物。这种无机非金属固体材料经过原料处理、高温烧结、成型以及干燥等步骤制成。

陶瓷材料主要有以下性能特点：①抗压强度高，抗拉强度较低，硬度高，具有较差的抗疲劳性和韧性，室温下几乎没有塑性；②熔点高，高温强度高，在 1 000 ℃环境中的强度与室温下的强度相同；③绝缘性能较好；④抗氧化能力强。

碳化物、氮化物、氧化物是工程中较为常见的三类工程陶瓷。传统陶瓷普遍应用于电气、建筑、日用、化工等领域中；现代工业陶瓷则主要用于制造抗磨性能高、抗热性能高和抗蚀性能强的构件或产品。其中，主要成分为 Al_2O_3 的氧化铝陶瓷能够很好地抵抗酸、碱等化学药品的腐蚀，还有良好的耐高温性能；碳化硅陶瓷具有较高的高温强度，即便是在 1 400 ℃的环境中，其抗弯强度仍能保持在 500 ~ 600 MPa，同时具有良好的耐磨性、抗蠕变性、热稳定性、耐蚀性，以及较高的热传导能力；氮化硅陶瓷的化学稳定性十分优越，除氢氟酸外，它对各种碱溶液与无机酸具有很好的耐腐蚀性。

6.1.3　高分子材料

高分子材料是一种以氢、碳元素为主，由相对分子质量很大的有机化合物组成的材料。从构成上看，高分子材料具有以下特点：①化学组成简单；②其构成成分中的每个分子都有很大的相对分子质量；③其细分中的每个分子大小不完全相同，具有长链。橡胶、塑料、胶黏剂是工程中较为常见的三种高分子材料。橡胶是一种使用适量配合剂与生胶合制形成的高分子材料，具有良好的绝缘性、隔声性、耐磨性和一定的耐蚀性，具有高弹性，有足够的强度，具有较强的吸振能力。塑料是指塑制成型于一定压力和温度下的高分子合成材料的统称，通常由合成树脂与各种添加剂混合配制而成，具有以下特点：①有良好的化学稳定性，能耐酸、碱、水、有机溶及大气等的腐蚀；②具有比强度高、密度小的特点；③具有良好的成型加工性能与消声吸振性能；④具有优异的减摩性、电绝缘性、耐磨性。

普通高分子材料主要用来制作一些小型零件、包装材料和日常生活用品，部分强度较高的工程塑料则可用来代替金属材料制作某些机械零件。

6.1.4　复合材料

通过人工将上述两种或多种单一材料合成起来，制成可满足特殊使用要求的材料，这种材料就是复合材料。复合材料改善或克服了单一材料的缺点，其不仅具备单一材料的优点，还具有单一材料不易具备的功能与性能。例如，混凝土性脆，但具有较高的抗压强度，而钢筋具有较高的抗拉强度和良好的韧性。为了在性能上取长补短，人们尝试将这两种材料进行人工合成，制成了钢筋混凝土复合材料；再如，使用塑料与玻璃纤维复合材料可以制做车体结构件、顶棚、车身等，使用增强橡胶材料可以做成结实耐用的轮胎等。

复合材料的优点：比模量（弹性模量／密度）与比强度都较高，有良好的高温性能、优越的抗疲劳性能、较强的减振性能，其断裂安全性高。

复合材料的类型主要有两种：一种是分散复合型材料，它由离散的增强体与连续的基体共同组成，其中的增强体分为颗粒与纤维两类，例如金属陶瓷中的增强体为陶瓷颗粒，玻璃钢中的增强体为玻璃纤维；另一种是叠层复合型材料，这种材料是指将具备不同性能的材料按层组合，使其可以满足不同的性能要求。

根据材料所具有的性能特征，复合材料可分为功能材料与结构材料。功能材料指基于材料具有的化学或物理性能，即材料在光、声、电、热、磁等方面的特殊性能，合成的光学材料、电子材料、生物材料、信息记录材料、磁性材料、能源材料、敏感材料等。结构材料指基于材料本身的力学性能合成的材料，这类材料通常用于制造各种机械装备零件、工程建筑构件，以及加工材料使用的模具、工具等。目前有很多国家已着手对结构功能一体化（复合化）材料进行研究。

6.2　工程机械材料的性能和结构

6.2.1　工程机械材料的性能

材料的性能指标为工具与零件的设计和制造提供了重要依据。材料的性能主要有两类：一类为工艺性能，指在制造工艺过程中，工程材料适应加工的性能，如金属材料的锻造性能、热处理性能、铸造性能、机械加工性能以及焊接性能等；另一类为使用性能，指在一定使用条件下，工程材料表现出来的性能，它包括化学性能、物理性能、力学性能等。

工程材料在如加载速率、介质和温度等环境因素与载荷联合作用下，或在外加载荷（能量或外力）作用下表现出来的材料的断裂和变形等行为，就是其力学性能。换言之，材料抵抗外加载荷导致断裂和变形的能力就是材料的力学性能。外加载荷的环境温度、性质、介质等外在因素不同，对材料力学性能指标所提出的要求也不同。比如，室温下常用的力学性能指标包括断裂韧性、冲击韧性、刚度弹性、强度、疲劳极限、硬度、塑性等。

根据载荷随时间变化的情况，可将载荷分为动载荷与静载荷。动载荷指的是随时间发展变化显著的载荷，如锻造钢材时锤头对毛坯的作用。静载荷指的是缓慢进行、从0增加到某一定值后变动很不显著或保持不变的载荷，如机器质量对基础的作用。在机械产品的设计中，需要以零件可承受的载荷、可接受的失效方式为主要依据，对材料的性能指标做出定量计算和正确选择，从而最终确定零件的尺寸与产品的结构。

1.工程机械材料的静载力学性能

机械零件上的静载荷主要有弯曲、压缩或拉伸、扭转、剪切四种基本形式。很多零件要同时承受多种载荷的作用。例如，车床主轴工作时承受的载荷作用主要有压缩、弯曲和扭转三种类型，见图6-1，立柱在钻床工作时主要承受弯曲和拉伸两种载荷作用，见图6-2。

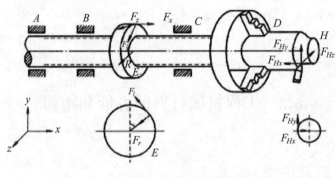

（a）主轴载荷力学模型

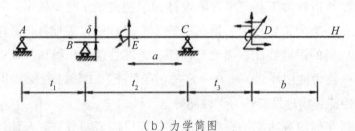

（b）力学简图

图6-1 车床主轴载荷图

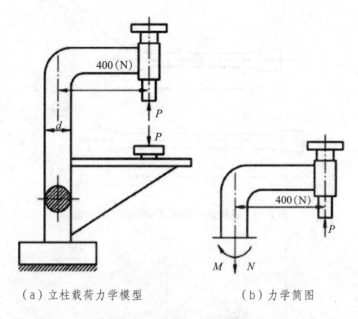

（a）立柱载荷力学模型　　　　　　　（b）力学简图

图 6-2　钻床立柱载荷图

工程领域静载时材料发挥作用的力学性能指标主要有塑性、强度、硬度。下面以工程金属材料为例介绍各指标。

工程金属材料的强度和塑性通过室温拉伸性能试验测定。现行的国家标准是 2011 年 12 月 1 日实施的《金属材料　拉伸试验　第 1 部分：室温试验方法》（GB/T 228.1—2021）。

（1）强度及其评定。

①拉伸试验和应力－应变曲线。强度是指在外力作用下，材料抵抗变形和断裂的能力。材料的强度指标常通过拉伸试验测定。图 6-3 是退火低碳钢的拉伸试样在拉伸前后形貌的变化图，图 6-4 是根据低碳钢拉伸试验载荷（拉力）与变形量（伸长量）的变化关系绘制的应力－应变曲线（依照 GB/T 228.1—2021）。

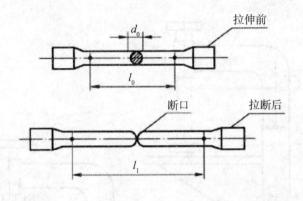

图 6-3　低碳钢拉伸试样初始及拉断状态

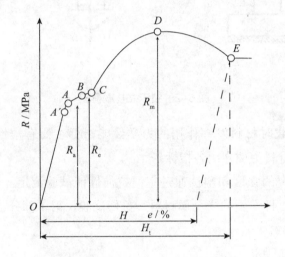

H—延伸率（总塑性应变），无单位；

H_t—E 点时的总应变（含弹性应变及塑性应变）。

图 6-4　低碳钢拉伸应力 – 应变曲线

图 6-4 中的应力即单位横截面积上的拉力，单位为 MPa，应变即单位长度的延伸率，无单位（mm/mm），应力、应变公式为：

$$R = \frac{F}{S_0} \tag{6-1}$$

$$e = \frac{\Delta L}{L_0} \tag{6-2}$$

式中：F——外力；

S_0——试样原始横截面积；

L_0——试样标距原长；

ΔL——试样的总伸长。

应力－应变曲线不受试样尺寸的影响，可以从曲线上直接读出材料的一些常规力学性能指标。在如图 6-4 所示的应力－应变曲线中，OA 段为弹性阶段。在此阶段试样的变形随载荷增加而增大，若去除外力，变形完全恢复，这种变形称为弹性变形，其应变值很小（多数金属材料 ≤ 0.5%）。A 点的应力 R_a 称为弹性极限，它为材料不产生永久变形可承受的最大应力值，是弹性零件的设计依据。OA 段中 OA' 段为斜线，在 OA' 段应变与应力始终成比例，所以 A' 点的应力 R_a' 称为比例极限，即应变与应力成比例时所对应的最大应力值。由于 A 点和 A' 点很接近，工程上一般不对其进行区分。

②弹性模量和刚度。材料在弹性范围内，应力与应变的比值 (R/e) 称为弹性模量（E），单位为 MPa，即

$$E = \frac{R}{e} \tag{6-3}$$

弹性模量是材料抵抗弹性变形能力的反映，是用来表征材料发生弹性变形难度的指标，弹性模量在工程上指的是材料的刚度。对于金属材料而言，其内部原子间的作用力对该材料的弹性模量具有决定性作用，例如晶体材料的原子间距、晶格类型，弹性模量不易受到各种强化手段的影响。冷变形、热处理或者合金化等手段都无法改变合金与金属的弹性模量，改变截面形状或增加横截面面积是提高零件刚度的主要方法。温度的升高会导致金属材料的弹性模量降低。

比刚度指的是材料的弹性模量 E 与其密度 ρ 的比值（E/ρ）。碳纤维增强复合材料、钛合金、铝合金等材料都有较大的比刚度，因此被广泛应用于航空航天及工业领域中。

加载（控制应力在材料的弹性极限内）时立即发生弹性形变，卸载时立即弹性形变消失的材料是理想的弹性材料，这种材料的应力与应变是同步发生的。然而实际上，以高分子材料为代表的工程材料的应变往往不会在加载时立即达到平衡值，变形也不会在卸载时立即消失，应变总发生在应力后。这种应力先

于应变发生的现象叫作黏弹性。当材料具有黏弹性时，其应变不仅取决于应力的大小，还与载荷的加载速度和保持时间有关。

③强度。强度指的是因材料抵抗外力作用而导致的断裂和永久变形的能力。根据外力的作用方式，强度指标有很多种类型，如抗弯强度、比强度、屈服强度、抗剪强度、抗拉强度等。

在图 6-4 中，当试验应力 R 超过 R_a 点时，试样除产生弹性变形外还产生了塑性变形；在 BC 段，应力几乎不增加，但应变大量增加，这称为屈服。C 点的应力称为屈服强度 R_e，即

$$R_e = \frac{F_e}{S_0} \tag{6-4}$$

式中：F_e——试样产生屈服时所承受的最大外力；

S_0——试样原始横截面面积。

有些塑性材料没有发生明显的屈服现象，对于这种情况，将试样标距范围内产生 0.2% 塑性变形时的应力值作为该材料的屈服强度，用 $R_{P0.2}$ 表示（$R_{P0.2}$ 也称规定塑性延伸强度）。材料从弹性变形阶段向弹－塑性变形阶段过渡时承受的临界应力的指标为屈服强度，屈服强度代表材料抵抗微量塑性变形的应力。通常情况下，大部分零件在工程工作中承受的屈服强度都处于其弹性范围内，如果所产生的塑性变形过量，零件就会失效。因此在零件的设计与选材上，屈服强度是必须考虑的主要依据之一。

材料发生屈服后，试样应变的增加有赖于应力的增加，材料进入强化阶段，如图 6-4 中的 CD 段所示，试样的变形在此阶段为均匀变形，到 D 点应力达最大值 R_m。D 点以后，试样在某个局部的横截面发生明显收缩，出现颈缩现象，此时试样产生不均匀变形。由于试样横截面面积的锐减，维持变形所需要的应力明显下降，试样在 E 点处发生断裂。D 点对应的最大应力值 R_m 称为抗拉强度，它是材料抵抗均匀变形和断裂所能承受的最大应力值，即

$$R_m = \frac{F_m}{S_0} \tag{6-5}$$

式中：R_m——试样拉断前承受的最大外力。

抗拉强度 R_m 是材料抵抗断裂的能力，也是设计和选材的主要依据之一。R_m 测量方便、数据易得，如果单从保证零件不产生断裂的安全角度考虑，或者用

低塑性材料、脆性材料制造零件时都可以将 R_m 作为设计依据，但所取安全系数要大些。

高温工况下要注意抗拉强度 R_m 降低及高温蠕变现象。抗拉强度 R_m 在高温下随加载时间的延长而降低。如 20 钢在 450 ℃ 高温下的短时抗拉强度为 330 MPa，若试样仅承受 230 MPa 的应力，在该温度下持续工作 300 h 就会发生断裂；如果将应力降至 120 MPa，持续 10 000 h 才会发生断裂。高温蠕变是指在温度 $T \geqslant (0.3 \sim 0.5) T_m$（$T_m$ 为材料的熔点，以 K 为单位）及远低于屈服强度的应力下，材料随加载时间的延长而缓慢地产生塑性变形的现象。

与高温强度这一指标相比，高温蠕变可以更有效地预示长期在高温环境下使用材料的断裂寿命与应变趋势，因此高温蠕变是材料的一项重要力学性能，它与材料的结构特征和材质密切相关。应力松弛是蠕变的另一种表现，指的是在工程工作中的零件一直处于承受弹性变形但总变形量始终不变，而其工作应力随着时间的增长自行衰减的现象。例如，应力松弛导致高温紧固件的紧固作用失效。服役于高温环境中的零构件，如蒸汽轮机、喷气发动机、蒸汽锅炉、原子能装置、火箭、燃气涡轮等的制造，需要使用具有较好热稳定性和较高高温强度的材料来完成。需要注意的是，温度急剧变化会形成热冲击，温度反复变化会导致热疲劳，材料在低温环境下会变脆。

在航空航天及汽车工业中，为了减轻零件的质量，在产品和零件设计时经常运用比强度指标。材料的抗拉强度 R_m 与其密度 ρ 的比值称为比强度（R_m / ρ）。抗拉强度相等时，材料的密度越小（质量越小），比强度越大。另外，屈强比（R_e / R_m）表征了材料强度潜力的发挥、利用程度和该种材料所制零件工作时的安全程度。

（2）塑性及评定。塑性是材料在外力作用下产生塑性变形（外力去除后不能恢复的变形）而不断裂的能力。塑性通常以材料断裂时最大相对塑性变形来表征。拉伸时用伸长率（A）或断面收缩率（Z）表示塑性，两者均无单位。

伸长率即断裂后总伸长率，用 A 表示，即

$$A = \frac{L_u - L_0}{L_0} \times 100\% \tag{6-6}$$

式中：L_0——试样标距原长；

　　　L_u——断裂后标距长度。

断面收缩率用 Z 表示，即

$$Z = \frac{S_0 - S_u}{S_0} \times 100\% \qquad (6\text{-}7)$$

式中：S_0——试样原始横截面面积；

S_u——断口处的横截面面积。

同一材料的试样长短不同，测得的 A 也略有不同。若 L_0 为试样原始直径 d_0 的 10 倍，则伸长率常记为 A_{10}；若 L_0 为试样原始直径 d_0 的 5 倍，则伸长率记为 A_5。对于同一种材料，$A_5 > A_{10}$；对于不同材料，A_5 与 A_{10} 不能直接比较。考虑到材料塑性变形时可能有颈缩现象，故 Z 能更真实地反映材料塑性的好坏，但 A、Z 均不能直接用于工程计算。

当材料的塑性较好时，可以降低应力集中的影响，能松弛应力、吸收冲击能，从而产生形变强化，使零件的可靠性大大提高，同时对压力加工形成助力，这对材料的加工与工程应用都有重大意义。

材料的应力-应变曲线图可以将其韧性（静力韧性）反映出来。包围在拉伸曲线与横坐标轴内的面积越大，材料从变形到断裂过程中吸收的能量就越多，即材料的韧性越好。

（3）硬度及评定。材料抵抗硬物压入其表面的能力叫作硬度，硬度也可以被视为材料表面局部区域抵抗破裂或变形的能力。对由材料制成的成品与半成品进行质量检验时，应以硬度为检验的重要依据。布氏硬度、洛氏硬度等都是常用的硬度指标。

①布氏硬度。现行的布氏硬度试验方法为 2019 年 2 月 1 日开始实施的《金属材料　布氏硬度试验　第 1 部分：试验方法》（GB/T 231.1—2018），该标准采用硬质合金球，以相应的试验载荷 F 压入试样表面，经规定的保持时间后卸载，然后测量试样表面的压痕直径 d，计算出压痕表面积，进而得到所承受的平均应力值，即布氏硬度值，记作 HBW，单位为 N/mm^2，一般不予标出。计算公式为

$$HBW = 0.102 \frac{F}{S} = 0.102 \frac{2F}{\pi D \left(D - \sqrt{D^2 - d^2} \right)} \qquad (6\text{-}8)$$

式中：F——加在压头上的载荷；

　　S——压痕表面积；

　　D——球直径。

　　布氏硬度的表示方法：符号 HBW 之前为硬度值，符号后面的数值依次表示球直径、载荷大小及载荷保持时间（保持时间为 10～15 s 时可不标注）。例如，硬质合金球直径为 10 mm，载荷为 9.81 kN（1 000 kgf），保持时间为 30 s，硬度值为 270，可记为 270 HBW 10/1 000/30，也可简单地表示为 HBW 270。具体试验时，硬度值可根据实测的 d 按已知的 F、D 值查表求得。

　　布氏硬度试验具有以下优点：因为压痕面积大，所以测量结果不会存在太大误差。又因为它与强度指标之间存在较好的对应关系，所以具有重复性和代表性。与此同时，压痕面积大这一特点也使其不便对小而薄的零件和成品零件进行试验。

　　此外，由于测试过程相对比较麻烦，因此该试验不适合用于检验大批量生产的零件。布氏硬度试验范围应控制在 650 HBW 之内，该试验通常用来测试调质件、正火件、退火件的硬度值，还可对退火状态下的中、低硬度有色金属，钢材铸铁、调质钢进行硬度测试。

　　②洛氏硬度。2018 年 12 月 1 日开始实施的《金属材料　洛氏硬度试验　第 1 部分：试验方法》（GB/T 230.1—2018）是目前正在使用的洛氏硬度试验方法，该标准中要求测量洛氏硬度时使用一定规格的压头；在一定载荷作用下将其压入试样表面，然后通过测定压痕的残余深度来计算、表示其硬度值，记为 HR。实际测量时可直接从硬度计表盘上读得硬度值。该标准可测定不同性质工件的硬度，采用不同材料与形状尺寸的压头和载荷的组合，获得了 A、B、C、D、E、F、G、H、K、N、T 共 11 种不同的洛氏硬度标尺，并给出了各标尺所对应的适用范围。应用洛氏硬度试验方法时，可以根据材料或工件的硬度状况选择不同的标尺。常用的标尺有 A、B、C、N，其中 A 标尺适用于测试高硬度淬火件、较小与较薄件的硬度，以及具有中等厚度硬化层零件的表面硬度；B 标尺适用于测试硬度较低的退火件、正火件和调质件；C 标尺是广泛采用的标尺，适用于测试经淬火、回火等热处理零件的硬度，以及具有较厚硬化层零件的表面硬度；N 标尺适用于测试薄件、小件的硬度，以及具有低或中等厚度硬化层零件的表面硬度。将标尺字母写在硬度符号 HR 之后表示该标尺硬度，其中 HRA、HRB、HRC 较常用，其硬度值（数字）置于 HR 之前，如 60 HRC、75 HRA 等。

以下两点需要注意：一是洛氏硬度压头通常选用硬度较大的硬质合金球或金刚石圆锥。如果产品协议或标准中有规定，也可用钢球压头。二是洛氏硬度不适合用于测量组织不均匀或晶粒粗大的零件。为了区别洛氏硬度试验过程中是使用的钢球压头还是硬质合金球压头，分别在其硬度符号后面加"S"与"W"。当有其他关于产品标准的规定时，施加全部试验力的时间可超过 6 s。对于这种情况，应在试验结果中清晰表明施加试验力的时间。例如：65 HRFW，10 s。

常用洛氏硬度标尺的试验条件与应用范围如表 6-1 所示。

表 6-1 常用洛氏硬度标尺的试验条件与应用范围

洛氏硬度标尺	压头类型	总载荷 / N	硬度范围	应用举例
HRA	金刚石圆锥	588.4	20 ～ 95	高硬度表面、硬质合金
HRBW	直径 1.587 5 mm 淬火钢球	980.7	10 ～ 100	退火态、正火钢、灰铸铁、有色金属
HRC	金刚石圆锥	1 471	20 ～ 70	调质钢、淬火回火钢

操作简便迅速且压痕较小，对工件表面几乎不会造成损伤是洛氏硬度的优点，该试验方法适用于成品检验，因此被广泛应用。但由于压痕较小，试验的重复性、代表性略差，所得数据通常有较大的分散度。当硬度不均匀时，数值有较大的波动，因此需要多选择几个点进行打压测试，对所得结果取平均值。

③维氏硬度。维氏硬度的测试原理、方法与条件参照《金属材料　维氏硬度试验　第 1 部分：试验方法》（GB/T 4340.1—2009）。维氏硬度与布氏硬度的试验原理相似，维氏硬度测试使用的压头为相对面夹角为 136° 的金刚石四方角锥，向试样表面以选定的载荷下压，按规定保持一定时间后将载荷卸去，再对单位压痕面积上的载荷进行计算，计算结果就是硬度值。试验时测量压痕两对角线长度 d，计算其平均值，查表可得硬度值。

维氏硬度表示方法基本与布氏硬度相同，比如 640 HV 30/20 表示用 294.3 N（30 kgf）载荷保持 20 s 测得的维氏硬度值为 640（加载时间为 10 ～ 15 s 时不注明时间）。

维氏硬度测试向被测工件施加的载荷较小，因此可用于薄表面硬化层的高、中、低硬度测试或薄工件硬度测试。

④其他硬度。为了测试一些特殊材料的硬度，工程中还有一些其他硬度试验方法。

a. 显微硬度。其实质为小载荷的维氏硬度，用于材料微区硬度（如单个晶粒、夹杂物、某种组成等）的测试，它可参照《金属显微维氏硬度试验方法》（GB/T 4342—1991）进行测试。

b. 莫氏硬度。它是一种刻画硬度，可用于测定矿物和陶瓷的硬度。莫氏硬度以从软到硬的 10 种不同硬度等级的矿物为标尺，如金刚石的硬度与莫氏硬度 10 级相对应，莫氏硬度 1 级与很软的滑石相对应。

c. 邵尔硬度。在规定的试验条件下，用标准弹簧压力将硬度计上的钝形压针压入试样时，指针表示的硬度度数（0～100），它用于橡胶、塑料硬度的测定。

硬度属于一种综合的性能参量，与塑性、强度、耐磨性等其他力学性能之间存在一定关系。以测定的硬度值为依据，可以对材料的近似抗拉强度（一般情况下，钢的抗拉强度≈3.4 倍布氏硬度）进行估计。材料硬度能在很大程度上影响其工艺性能，如焊接性能、切削加工性能以及塑性加工性能等。当材料的最佳切削硬度在 170～230 HBS 时，硬度能将材料组织结构的变化与其内部构成成分敏感地反映出来。因此可将它作为评定材料工艺性能的参考指标，将它用于控制冷、热加工质量与原材料质量的检验中。

综上所述，硬度已成为衡量产品质量的重要标志。另外，硬度还是产品设计图样要求的各项技术条件中的一项主要技术指标。通常除了对强韧性有较高要求的情况，都可以将硬度作为依据估算强度等，这样就不需要再做复杂的拉伸试验了。在实际生产中，硬度通常作为检查产品质量及制定合理加工工艺较重要、较常用的指标。硬度试验因操作方便快捷、设备简单，一般不会对成品零件造成破坏，所以不需要做出专门的试样，可以将各种尺寸的零件与各类工程材料作为试验对象。

2. 工程材料的动载力学性能

按载荷随时间变化的方式，机械零件上的动载荷可分为两类。一类是冲击载荷，它指的是物体在运动过程中发生瞬间变化引起的载荷，如锻造时汽锤的锤杆、急刹车时飞轮的轮轴等受到的都是冲击载荷的作用。另一类是变动载荷，它指的是随时间发展，方向与大小或大小会按照一定规律发生周期性变化或者呈无规则随机变化的载荷，前者叫周期变动载荷，也叫循环载荷，后者叫随机变动载荷。变动载荷中的周期变动载荷可分为重复载荷与交变载荷。重复载荷指的是方向不变，但大小发生周期性变化的载荷，如齿轮转动时，每个齿根受拉侧承受的载荷都属于重复载荷；交变载荷指的是方向与大小都随时间发生周期性变化的载荷，如在曲轴运转的过程中，轴颈上的一点受到的载荷就是交变载荷。拖拉机、汽车等行驶在不平坦的路面上时，其很多机械构件会受到偶然冲击，这时这些机械构件就承受着随机变动载荷。

在冲击载荷的作用下，零件的失效形式一般为断裂或过量塑性变形、过量弹性变形。而在变动载荷作用下，零件的失效原因主要为疲劳断裂。据统计，疲劳断裂在各类机件的断裂失效中占据80%以上。冲击韧性、疲劳强度和断裂韧性是工程领域动载时主要涉及的材料力学性能指标。下文将以工程金属材料为例对各指标进行介绍。

（1）冲击韧性。在实际工作中，冲击载荷作用在零件上，会使零件因受到外力的瞬时冲击而产生应力和变形，这种应力远超静载荷带来的应力。因此为这类零件选材时，应考虑材料对冲击载荷作用的抵抗能力，即冲击韧性。韧性指的是金属吸收断裂前使其发生变形的能量的能力。评定金属材料韧性指标的动态试验——夏比冲击试验，是一种常见的评定方法，我国夏比冲击试验的现行标准是《金属材料　夏比摆锤冲击试验方法》（GB/T 229—2020）。

材料的韧性为其强度和塑性的综合指标，反义为脆性。采用一次摆锤冲击试验时，试样的吸收能量 K（单位为 J）表示材料冲击韧性的大小。在《金属材料　夏比摆锤冲击试验方法》中，用字母 V 和 U 表示缺口几何形状，用下标数字 2 或 8 表示摆锤刀刃半径，如 KU_8 表示 U 形缺口试样在摆锤刀刃半径为 8 mm 时的冲击吸收能量。

当材料具有较高冲击韧性时，它被叫作韧性材料；具有较低冲击韧性时，被叫作脆性材料。韧性材料会先发生明显的塑性变形再发生断裂，脆性材料则与之相反。金属材料的韧性通常会随着应力集中程度的增强、温度的降低以及加载速度的提高而降低。

在低温工况下需要关注韧、脆状态转化现象。有些材料处于室温及超过室温环境中时会保持韧性状态，具有较高的冲击韧性；而到了低温环境，其冲击韧性会急剧下降，发生韧性－脆性转化的现象。材料的韧、脆状态转化通常可以用材料的冲击吸收功 A_k 与温度的变化关系来表示。当这类材料所处的环境温度降低到某种程度时，材料的冲击吸收功 A_k 就会骤减，此时材料状态会变为脆性状态。材料由韧性状态转变为脆性状态的温度 T_k 称为脆性转变温度，材料的 T_k 越低，表明其低温韧性越好。

不能在设计零件与计算时直接应用冲击韧性，但可以在对比不同材料的韧性、判断材料的冷脆倾向和评定一定工作条件下材料的缺口敏感性时使用冲击韧性。

（2）疲劳强度。在实际工况中，齿轮、轴、活塞杆、弹簧等机械零件在冲击载荷下工作时，所承受的冲击载荷都属于交变载荷，所承受的应力通常不会超过材料的屈服强度。在交变载荷的影响下，这些机械零件多次承受小能量的冲击，使冲击损伤不断积累形成裂纹扩展，继而导致断裂现象的发生，这就是疲劳。所以疲劳指的是在交变应力或应变的循环作用下，机械零件坚持一段时间后最终失效的现象。

材料承受的交变应力 R 与材料断裂前承受的交变应力的循环次数 N（疲劳寿命）之间的关系可用疲劳曲线来表示，如图 6-5（a）所示。材料承受的交变应力 R 越大，则断裂时应力循环次数 N 越少。当应力低于一定值时，试样可以经受无限次周期循环而不断裂，此应力值称为材料的疲劳极限，或称疲劳强度 R_N，它用来表征材料抵抗疲劳的能力。对称循环交变应力［图 6-5（b）］下的疲劳强度用 R_{-1} 表示，单位为 MPa。

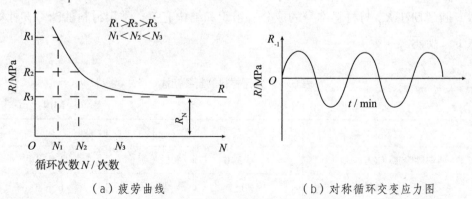

（a）疲劳曲线　　　　　　　　　（b）对称循环交变应力图

图 6-5　疲劳曲线和对称循环交变应力图

实际上，材料不可能做无限次交变载荷试验，对于黑色金属，一般规定将应力循环 10^7 周次而不断裂的最大应力作为疲劳极限；有色金属、不锈钢取 10^8 周次。

疲劳断裂属低应力脆断，断裂应力远低于材料静载下的 R_m 甚至 R_e，断裂前无明显塑性变形，即往往无先兆，会突然断裂，因此危害很大。其断口一般存在裂纹源、裂纹扩展区和最后断裂区三个典型区域。

一般而言，钢铁材料 R_{-1} 约为 R_m 的一半，钛合金及高强钢的疲劳强度较高，而塑料、陶瓷的疲劳强度则较低。金属的疲劳强度受很多因素的影响，主要有工作条件（温度、介质及载荷类型）、表面状态（粗糙度、应力集中情况、硬化程度等）、材质、残余内应力等。对塑性材料而言，一般 R_m 越大，则相应的 R_{-1} 就越大。改善零件的结构形状、降低零件表面粗糙度，以及采取各种表面强化的方法，都能提高零件的疲劳强度。

（3）断裂韧性。材料抵抗裂纹失稳扩展断裂的能力就是断裂韧性。很多大型构件如高压容器、桥梁、船舶等，虽然设计了足够的屈服强度、韧性及伸长率，但是仍会出现低应力脆断的现象，其名义断裂应力甚至比材料的屈服强度要低。这是因为零件或构件内部存在或多或少、或大或小的缺陷，如裂纹或一些类似裂纹的夹渣和气孔等，受应力作用时裂纹会发生失稳扩展，而出现机件低应力脆断现象。

裂纹扩展的临界状态所对应的应力场强度因子称为临界应力场强度因子，用 K_{IC} 表示，单位为 $MN \cdot m^{-3/2}$，它代表材料的断裂韧性。

断裂韧性 K_{IC} 与材料本身的成分、组织和结构有关。常用材料的断裂韧性如表 6-2 所示。

表 6-2　常用材料的断裂韧性

单位：$MN \cdot m^{-3/2}$

材料	$K_{IC}/$	材料	K_{IC}
纯塑性金属（Cu、Al）	95～340	木材（纵向）	11～14
压力容器钢	0～155	聚丙烯	0～3
高强钢	47～150	聚乙烯	0.9～1.9

材料	K_{IC} /	材料	K_{IC}
低碳钢	0～140	尼龙	0～3
钛合金（Ti$_6$Al$_4$V）	50～120	聚苯乙烯	0～2
玻璃纤维复合材料	20～56	聚碳酸酯	0.9～2.8
铝合金	22～43	有机玻璃	0.9～1.4
碳纤维复合材料	30～43	聚酯	0～0.5
中碳钢	0～50	木材（横向）	0.5～0.9
铸铁	6～20	SiC 陶瓷	0～3
高碳工具钢	0～20	Al$_2$O$_3$ 陶瓷	2.8～4.7
硬质合金	12～16	钠玻璃	0～0.7

3. 工程机械材料的物理和化学性能

工程设计制造不仅要将材料的力学性能纳入考虑范围，还要对某些特殊服役条件与环境介质下材料的物理和化学性能进行考虑。

（1）物理性能。材料的物理性能有电学性能（磁电性、热电性、铁电性、导电性、压电性、光电性等）、热学性能（热膨胀性、热容、导热性、熔点等）、密度、光学性能、磁学性能等。以下是选择和应用工程材料时常考虑的几种物理性能。

①密度。材料的密度是指单位体积材料的质量。常用金属材料的密度如表6-3所示。一般将密度小于 5×10^3 kg/m³ 的金属称为轻金属，如 Al、Mg、Ti 等；密度大于 5×10^3 kg/m³ 的金属称为重金属，如 Fe、Cr、Ni 等。弹性模量 E 与密度 ρ 之比称为比弹性模量。对于某些减轻自重的机械零件来说，比强度和比弹性模量是其材料性能的重要指标。例如，铝合金与钢相比，强度较低，比强度较高，制造同一零件时，用铝合金比用钢制造出来的零件质量明显较小。汽车发动机上的缸盖与气缸体就利用了铝合金制造轻量化的优势，减重通常为30%以上。

②熔点。材料发生固液状态转换时，中间的平衡温度就是熔点。金属材料的熔点固定，常见金属材料的熔点如表6-3所示。无论是金属还是合金，无论

是焊接还是铸造，都要利用熔点这一性能。保险丝、焊锡、防火安全阀等都可以用熔点低的易熔合金制造，如 Bi、Pb、Cd、Sn 等合金；耐热零件、机械零件以及结构件等都可以用熔点高的合金制造，如 W、V、Mo 等难熔合金。在整个高温合金领域中，镍基高温合金占有特殊且重要的地位，并被广泛应用于各种工业燃气轮机、航空喷气发动机等最热端部件的制造。高分子材料不属于完全晶体，没有固定熔点。

表 6-3 常用金属材料的物理性能

金属名称	符号	密度 ρ/（×10^3kg·m^{-3}）（20℃）	熔点/℃	热导率 λ/[W·(m·K)$^{-1}$]	电阻率/（×10^{-8} Ω·m）（0℃）
银	Ag	10.49	960.8	418.6	1.5
铝	Al	2.698	660.1	221.9	2.655
铜	Cu	8.92	1 083	393.5	1.67～1.68（20）
铬	Cr	7.19	1 857	67	12.9
铁	Fe	7.84	1 538	75.4	9.7
镁	Mg	1.74	650	153.7	4.47
锰	Mn	7.43	1 244	4.98	185
镍	Ni	8.90	1 453	92.1	6.84
钛	Ti	4.508	1 667	15.1	42.1～47.8
锡	Sn	7.298	231.91	62.8	11.5
钨	W	19.3	3 380	166.2	5.1

③热膨胀性。材料随温度变化而膨胀、收缩的特性称为热膨胀性，用线膨胀系数 α_L 和体积膨胀系数 α_V 来表示，对各向同性材料有 $\alpha_V = 3\alpha_L$。

$$\alpha_{\rm L} = \frac{l_2 - l_1}{l_1 \Delta t} \qquad (6\text{-}9)$$

式中：l_1、l_2——膨胀前后试样的长度；

　　　Δt——温度变化量（K 或℃）。

按线膨胀系数由高到低的顺序排列，高分子材料高于金属，金属高于陶瓷。在实际工程中，热膨胀性是很多场合都需要考虑的重要指标，尤其对机械零件与精密仪器而言。在焊接异种金属时，材料的热膨胀性相差过大会导致焊件被破坏或变形。例如，柴油机缸套和与之配合的活塞之间只有很小的间隙，这一间隙既要保证活塞在缸套内部的往复运动，又要保证整个结构的气密性，因此在制作时，应使缸套材料与活塞两者有非常接近的热膨胀性，以避免发生漏气或卡住的现象。

④导热性。表征材料热传导性能的指标有导热系数 λ（也称热导率，$\rm W \cdot (m \cdot K)^{-1}$ 和传热系数 $k\left(\rm W/m^2 \cdot K\right)$。常用金属材料的热导率如表 6-3 所示。金属中银和铜的导热性较好，其次为铝；纯金属的导热性比合金好，而非金属导热性较差，特别是高分子材料。

当材料具备良好的导热性时，其散热性也十分优越，这样的材料适合用来制造传热设备零部件。导热性差的材料如高合金钢，加热速度也较慢。在热处理或锻造工作中，过快的冷却和加热速度会导致零件表面与内部之间形成较大的温差，导致各部分产生不同的膨胀，形成过大的热应力，从而造成材料开裂或变形。

⑤导电性。导电性指材料传导电流的能力，可用电阻率 ρ（$\Omega \cdot \rm m$）来衡量。导电性与导热性相似，合金成分越复杂，其导电性越差，因此纯金属通常比合金具有更好的导电性。金的导电性良好；纯铝、纯铜也有较好的导电性，适用于输电线的制作；而 Ni-Cr 合金、Fe-Cr-Al 合金、Fe-Mn-Al 合金则因导电性较差和电阻率较大的性能特点被用来制造电阻丝；通常情况下，陶瓷、塑料因其导电性较差这一属性而被用作绝缘体，但陶瓷中也有一部分具有较好的导电性，属于半导体，还有少数陶瓷可在特定条件下成为超导体。一般情况下，随着温度的升高，金属的电阻率会随之提高，而非金属则相反。

⑥磁性。材料被外界磁场吸引或磁化的能力就是磁性。按照磁性属性可将金属材料划分为如镍、钴、铁等被外磁场强烈磁化的铁磁性材料，如铂、锰等

只能被外磁场微弱磁化的顺磁性材料，以及如铜、铝、锌、奥氏体钢、银等能削弱或抵抗外磁场对材料的磁化作用的抗磁性材料。铁磁性材料可用于制造测量仪表中的铁心、电动机以及变压器等；抗磁性材料可用于制造需要避免磁场干扰的结构、零件，如航海罗盘。当温度升高到居里点时，铁磁性材料的磁畴会被破坏，变成顺磁性材料。非金属材料通常无磁性。

（2）化学性能。材料抵抗各种化学介质作用的能力就是化学性能，化学性能包括抗氧化性、耐腐蚀性、溶蚀性、抗渗入性等，因此也可以说是材料的化学稳定性。一般情况下，材料受化学侵蚀造成损坏的现象叫作腐蚀，如船载电子设备、海洋采油平台及井下油管等受到的损坏形式就以腐蚀为主。合金与金属抵抗各种电解液和周围介质侵蚀的能力叫作抗腐蚀性，也叫耐腐蚀性。耐腐蚀性是常用结构材料经常考虑的化学性能。金属材料与非金属材料相比，后者的耐腐蚀性更好，金属遭受腐蚀很可能导致一些突发性和隐蔽性的严重事故发生，会损失大量金属材料。

电化学腐蚀与化学腐蚀是两种主要的金属腐蚀。电化学腐蚀包括钢结构、桥梁等因空气潮湿而遭到的腐蚀；舰船壳体、海洋采油平台等受到的海水腐蚀；地下输气、输油管线等受到土壤中物质的腐蚀；金属受到工业介质如酸水溶液、碱水溶液、盐水溶液等的腐蚀。以下三种方法原则上可以有效提高金属的耐腐蚀能力：第一，尽可能使金属处于无电极电位差状态，即保持单相组织均匀；第二，尽可能使两极之间的电极电位差缩小，同时提高阴极的电极电位，延缓腐蚀速度；第三，尽可能减少或避免电解质溶液与金属的接触，减少甚至隔断腐蚀电流。

4.工程材料的工艺性能

在工具和机械零件的制造过程中，通过某种加工方法制成成品的难易程度可以用材料的工艺性能来表示。

（1）金属材料的工艺性能。金属材料具有以下工艺性能：铸造性能、可锻性、焊接性能、切削加工性能，以及热处理工艺性等。零件制造的成本、工艺方法以及质量直接受材料工艺性能的影响。

①铸造性能。浇铸铸件时，合金及金属易于成型并获得优质铸件的性能即为铸造性能。铸造性能以收缩率低、流动性好和偏析倾向小为其性能优越的指标。例如，铸铁与钢相比，前者有更好的流动性。使用铸铁可以浇铸较复杂且较薄的铸件。铸造性能好，偏析倾向小，则铸件各部分的组织与成分都比较均

匀；收缩率低，则铸件中不会产生较多的缩松、裂纹、缩孔、变形等缺陷。钢铁材料是工程中应用较广泛的材料之一，但铸铁比铸钢有更优越的铸造性能。在钢的范围内，高碳钢的铸造性能不如低、中碳钢，因此铸件较少使用高碳钢。青铜与灰铸铁是常用金属材料中铸造性能较好的材料。

②可锻性。金属面对轧、锻等压力加工时的适应能力可以用可锻性表示，这一属性与变形温度有很大关联。材料的变形抗力与塑性是其可锻性好坏的决定性因素。变形抗力小或塑性高的材料，锻压时不需要太大外力就能发生较大的变形，这说明该材料有良好的可锻性。通常情况下，可以对钢实施压力加工，不能对铸铁实施压力加工。但由于不同材料的工艺性能具有较大差异，随着钢中合金元素及碳元素含量的增加，钢的压力加工性能降低，低碳钢表现出了优于高碳钢和中碳钢的可锻性。碳钢相比合金钢具有更好的可锻性，铸铁不具备可锻性。通常可对如高速钢、高铬钢等高碳高合金钢或高碳钢进行热压力加工，但这两类材料的热加工性能较差。由于高温合金具有很高的合金含量，因此其不具备较好的热加工性能。大多数铜合金和变形铝合金与低碳钢类似，都具备较好的压力加工性能。

③焊接性能。材料是否容易焊接在一起且是否能保证焊缝有良好的质量的性能就是焊接性能。换言之，焊接性能指的就是金属材料在一定焊接工艺条件下获得优质焊接接头的难易程度。通常情况下，可以用焊接处存在的缺陷倾向对焊接好坏程度进行衡量。当某材料具有良好的焊接性能时，用一般的焊接工艺与方法就能够完成较为理想的焊接，且焊缝中不易产生裂纹、夹渣、气孔等缺陷，还能使焊后接头与母材有相近的强度；若某金属材料的焊接性能差，则需要使用特殊的焊接工艺与方法进行焊接。金属中合金元素与碳元素含量的增加会导致其焊接性能变差，因此钢与铸铁相比，前者更易焊接。焊接性能从高到低依次为低碳钢、中碳钢、高碳钢。在常用金属材料中，焊接性能最好的是低碳钢，铸铁铝合金、高碳钢的焊接性能相对较差。

④切削加工性能。对材料进行切削加工时的难易程度可以用切削加工性能来表示。材料的切削加工性能与其本身的成分、内部组织状态、韧性、硬度、导热性等多个因素息息相关。当金属具有较好的切削加工性能时，切削金属时会产生较小的切削功率，所使用的刀具能维持较长寿命，切屑易于折断脱落，切削后表面也不会很粗糙。材料通常硬度越高，具备的加工硬化能力越强，刀

具越易磨损，切屑越不易折断脱落，材料的切削加工性能就越差。切削加工性能较好的钢铁材料主要包括灰铸铁、易切削钢及硬度处于 120 ～ 230 HBS 范围的钢具；部分铜合金与铝、镁合金的切削加工性能较为优越；高碳高合金钢、奥氏体不锈钢不具备较好的切削加工性能。

⑤热处理工艺性。材料接受热处理时的难易程度以及接受热处理后产生的缺陷倾向可用热处理工艺性来表示。热处理工艺性可通过氧化脱碳倾向、淬硬性、变形开裂倾向、回火脆性、淬透性等指标进行评价。首先应明确工程材料是否能进行热处理强化，如单相奥氏体不锈钢、纯铜、纯铝及部分铜合金通常不能进行热处理强化；而对于可进行热处理强化的材料来说，材料本身的热处理工艺性至关重要。

（2）高分子材料和陶瓷材料的工艺性能。塑料工业包含塑料制品生产与树脂生产两个系统。塑料制品生产涉及挤出、注塑、压延等加工工艺，即通过对塑料进行塑化、加热、冷却、成型处理，将塑料制成成品。相较于其他材料，高聚物具有良好的成型加工性能，且工艺简单，有较高的生产率。树脂生产是化工过程，通过提炼石油化工产品等原料，进行聚合反应可以制得初级树脂，然后经分离和干燥，可以得到各种类型的树脂产品。

大多数陶瓷材料的制备工艺包括室温预成型、高压或高温常压烧结制成、粉末原料配置流程。成品成型工艺主要有挤压成型工艺、压制成型工艺、粉浆成型工艺等。但陶瓷材料脆性大、硬度高，通常不能进行机械切削加工。

6.2.2　工程机械材料的结构

1. 晶体与非晶体

在自然界中，不同物质的原子、分子、离子等质点具有不同的排列方式。氩气等气体所在的密闭空间会被其原子随机充满，这种排列方式叫作无序排列。石英玻璃中的 SiO_2 具有硅－氧四面体（SiO_4）结构，其与图 6-6 有相同的空间构型，即 1 个硅原子与 4 个氧原子短程有序排列，但四面体可随机联结起来，形成长程无序但短程有序的玻璃体。金属中的分子、原子或离子在空间中的排列是周期性重复、有规律的，具有长程有序和短程有序的特点。

依据分子、离子、原子等质点的排列方式，固体材料分为晶体与非晶体两大类。晶体指的是质点的排列长程有序的物质，非晶体则指的是质点的排列短程有序而长程无序或完全无序的物质。晶体通常有固定熔点和规则的外形；非晶体既不具备固定熔点，也没有规则的外形，因此非晶体也被叫作无定形物。合金与金属大多属于晶体，聚合物与陶瓷兼属晶体和非晶体。当达到一定条件时，晶体与非晶体可以互相转化，例如，某些熔融态合金以大于 10^6 k/s 的速度冷却时可形成非晶态合金，通过热处理的方式可以使玻璃转化为晶态。

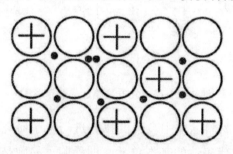

图 6-6　简单立方晶格、晶胞示意图

金属具有光泽，大多具备较好的导热性与导电性，如铜、铁、镁、铝、钼、钨、钛、锰、镍、锌、铬等都是较常见和常用的金属。由于常态下的纯金属一般不具备足够高的强度和硬度，无法满足工程技术要求，且具有较高成本，因此广泛使用在工业领域中的是合金，而非纯金属。本书将以纯金属为主进行晶体结构的相关讲解。

如果将组成晶体的分子、原子或离子视作刚性球体，那么按照一定周期和规律将这些刚性球体堆叠起来所形成的结构就是晶体，如图 6-7（a）所示。不同晶体有不同的堆叠规律。为了方便研究，作者假设位于刚性球体球心的点为节点。由节点组成的空间点的阵列叫作空间点阵。用直线连接这些节点，所构成的三维空间格架就叫作晶格［见图 6-7（b）］。晶体中分子、离子或原子的排列规律可通过晶格直观表现出来。

晶体在微观视角中是无限大的。为了进行更好的研究，可选择晶格中能反映晶体原子排列规律的最小几何单元来分析，如图 6-8（c）所示的几何单元叫晶胞。在三维空间中，晶胞按一定周期和规律重复排列即可形成晶体和晶格。晶格尺寸指晶胞各边的尺寸 a、b、c，也叫晶格常数或点阵常数。晶格常数是晶体结构的重要基本参数之一。晶胞通过晶格常数 a、b、c 以及各条棱边之间的夹角 α、β、γ 来描述。根据这些参数，可将晶体分为七种晶系，其中，立方晶系和六方晶系比较重要。

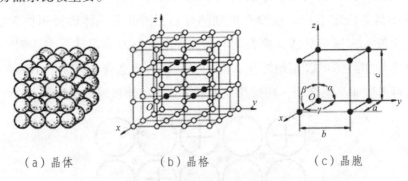

| （a）晶体 | （b）晶格 | （c）晶胞 |

图6-7　简单立方晶格、晶胞示意图

　　为了更方便地对材料晶体中粒子的排列进行科学研究，可以选择并取出一个在晶体点阵中具有代表性的基本单元，即晶胞。晶胞是点阵的组成单元，通常为最小的平行六面体，但不一定是最小的重复单元。晶胞体积通常是原胞（晶体的最小组成单元）体积的整数倍。

　　三维空间中的晶格一般有3个晶格常数，分别用 a、b 和 c 来表示。但在立方晶系结构这一特殊情形下，这3个常数都相等，故仅用 a 来表示。类似的情形还有六方晶系结构，其中 a 和 b 这两个常数相等，因此只用 a 和 c 来表示。一组晶格常数也可合称为晶格参数。但实际上，完整的晶格参数应当由3个晶格常数和3个夹角来描述。例如，对于常见的金刚石，其晶格常数为 $a=3.57 \times 10^{-10}$ m（300 K）。这里的晶胞是等边结构，但是仅根据晶格常数并不能推知金刚石的实际结构。

　　2.金属材料的晶体结构和结晶

　　（1）金属的特性和金属键。金属材料指以金属键结合为主的材料，有金属光泽和良好的延展性、导热性与导电性，是迄今为止应用范围最广、用量最大的工程材料。

　　周期表中Ⅰ、Ⅱ、Ⅲ族元素的原子在满壳层外有一个或几个价电子。这些原子的价电子很容易丢失而变成离子。价电子丢失后不为个别或某几个原子共有或专有，而是归全体原子共有，这种共有化的电子叫作自由电子，它们自由运动在正离子之间，形成了电子气。在电子气或三维空间中，正离子的分布符合高度对称规则。电子气与正离子之间有强烈的静电吸引力，它能够结合起全部的离子，这种结合力叫作金属键。价电子通常弥漫在整个金属晶体内，每个金属离子所处的环境都相同，可将全部原子（或离子）视作有体积的圆球，所以说金属键没有方向性和饱和性。

金属以金属键结合，因此金属具有下列特性。

①导热性与导电性良好。金属内部有大量自由电子，在金属的两端施加外部电场或存在电势差时，可以使电子进行定向流动，因此金属具备良好的导电性。金属具备良好的导热性，一方面是因为自由电子有很强的活动性，另一方面是因为依靠金属离子的振动可以更好地实现导热。

②电阻温度系数为正，即电阻值随温度升高而变大。加热时，离子（原子）的振动增强，空位增多，离子（原子）排列的规律性受干扰，电子的运动受阻，电阻增大。温度降低时，离子（原子）的振动减弱，则电阻减小。大部分金属都具有超导性，即其处于温度接近绝对零度的环境中时，电阻值会突降至趋近于0。许多金属，在极低的温度（小于 20 K）下，由于自由电子之间结合成 2 个相反自旋的电子对，不易遭受散射，因此其导热性区域无穷大，会产生超导现象。

③金属中的自由电子能吸收并随后辐射出大部分投射到其表面的光能，所以金属不透明并呈现特有的金属光泽。

④原子间没有选择性，金属键也没有方向性，因此在受到外力作用时，原子位置发生的相对移动不会破坏结合键，金属也因此具有较好的韧性与较高的塑性变形能力。

（2）金属的晶体结构。

①典型的金属晶格。晶体的结构一般包含 7 种晶系、14 种晶格。大部分金属晶体可划分成 3 种简单而紧密的结构：密排六方、面心立方、体心立方。其中属于立方晶系的结构是面心立方与体心立方，属于六方晶系的结构是密排六方。

a.体心立方晶格。体心立方晶格的晶胞（图 6-8）是由 8 个原子构成的立方体，且在其体心位置还有一个原子。晶胞中每个顶点上的原子同时为周围 8 个晶胞所共有，故每个体心立方晶胞中的原子个数为 $\frac{1}{8} \times 8 + 1 = 2$。晶格常数 $a=b=c$，故该晶胞通常只用一个常数 a 来表示。体心立方晶胞沿体对角线方向上的原子是彼此紧密排列的，由此可计算出原子半径 $r = \frac{\sqrt{3}}{4}a$。属于这种结构的金属有Na、K、Cr、W、Mo、V、$\alpha-Fe$ 等。

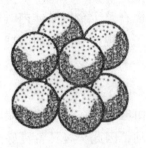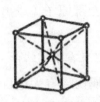

（a）刚球模型　　　　　　（b）晶胞模型　　　　　（c）晶胞原子个数

图 6-8　体心立方晶胞

b. 面心立方晶格。面心立方晶格的晶胞（图 6-9）也是由 8 个原子构成的立方体，在立方体的每个面心位置还各有一个原子。故每个晶胞中的原子个数是 $\frac{1}{8}\times8+\frac{1}{2}\times6=4$。此种晶胞每个面上沿对角线方向的原子紧密排列，故原子半径 $r=\frac{\sqrt{2}}{4}a$。属于这种结构的金属有 Au、Ag、Al、Cu、Ni、γ-Fe 等。

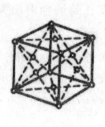

（a）刚球模型　　　　　　（b）晶胞模型　　　　　（c）晶胞原子个数

图 6-9　面心立方晶胞

c. 密排六方晶格。密排六方晶格的晶胞（图 6-10）是由 12 个原子构成的六方棱柱体，上下两个六方底面的中心各有 1 个原子，上下底面之间还有 3 个原子。密排六方晶格的晶格常数比值 $\frac{c}{a}\approx1.633$。每个密排六方晶胞中包含 $\frac{1}{6}\times6\times2+\frac{1}{2}\times2+3=6$ 个原子。属于这种结构的金属有 Mg、Zn、Be、Cd、α-Ti 等。

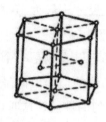
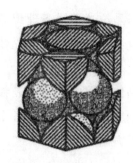

（a）刚球模型　　　　　（b）晶胞模型　　　　（c）晶胞原子个数

图 6-10　密排六方晶胞

②多晶体及其伪等向性。当晶体内部的原子完全沿着统一的晶格位向并按同一规律排列时，该晶体叫作单晶体。实际上人类对单晶体金属材料的应用极少，投入应用的晶体绝大部分为多晶体，而这些多晶体由不同位向的单晶体组成，其截面示意图如图 6-11 所示。从这一点上看，可以说是许多颗粒状、外形不规则的小晶体组成了金属材料，其中每个小晶体是一个晶粒，每个晶粒内部都有统一、均匀的晶格位向，相邻晶粒有不同位向。晶粒之间的界面叫晶界，处于位向不同的晶粒之间，是晶粒间的过渡区，因此晶界的原子排列是不规则的。

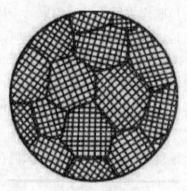

图 6-11　多晶体截面示意图

晶粒的尺寸（平均截线长）因金属的种类和技工工艺的不同而不同。在钢铁材料中，其一般为 $10^{-3} \sim 10^{-1}$ mm，必须在显微镜下才能看到晶粒。在显微镜下观察到的金属材料的晶粒大小、形态和分布称为"显微组织"。晶粒有的大到几至十几毫米，有的小至微米、纳米。

实际晶粒都不属于理想晶体，在晶体内部，处于不同区域的晶格有不同的位向，这些小区域叫作亚晶体，尺寸一般为 $10^{-8} \sim 10^{-6}$ mm，亚晶粒之间的界面称为亚晶界。

多晶体金属中的每个晶粒都可以看成是一个单晶体，这些单晶体具有各向异性，但在整块金属内，各个晶体的空间位向呈现任意性特点。对整个晶体而言，每个方向上都具有一致、均匀的性能，这叫作"伪等向性"。例如，无论在哪个方向上，工业纯铁的弹性模量 E 均为 210 GPa。

③晶体缺陷。如果晶胞按一定规律重复排列构成整个晶体，那么晶体中所有原子的排列都是按照一定规律进行的，这种晶体就是理想晶体。现实中，晶体在形成和发展的过程中，受到各种因素的影响，原子不会非常规整地排列，总会有一些原子排列是不完整或者偏离理想状态区域的，这些区域就是晶体缺陷。按几何形态可以将晶体缺陷分成点缺陷、线缺陷以及面缺陷。

a. 点缺陷。在三维尺度上很小的、不超过几个原子直径的缺陷叫作点缺陷。晶体的点缺陷主要指的是间隙原子和空位。空位指不存在原子的节点，原子在晶格节点上的分布并不固定，它们会将其平衡位置作为中心，并围绕这个中心不断进行热振动，一旦受到如辐射、加热等因素的影响，个别原子在能量逐渐变大到一定程度后，就会挣脱周围原子对其的束缚，从而脱离平衡位置迁移出去，节点位置由此形成空位。处于晶格间隙的原子叫做间隙原子，这类原子可能源自晶格节点，但大部分属于异类原子。

晶体内部存在的点缺陷会对周围原子的正常排列造成影响，导致晶格发生局部弹性畸变。晶格畸变则会提高金属的电阻率和强度，同时在很大程度上影响其相变过程与扩散过程。

b. 线缺陷。在某两个维度上只有很小的尺寸，但在另一维度上有较大尺寸的缺陷就是线缺陷。在金属中，线缺陷属于位错，螺旋位错与刃型位错是位错的两种主要类型。

受某种因素的影响，金属中的一部分晶体沿一定晶面发生了运动，与未动部分相比，这部分晶体逐步产生了原子间距的错动。该原子面像是后塞进去的半原子面，不延伸至下半部晶体中，犹如切入晶体的刀刃，这就是刃型位错。当半原子面位于该晶面上方时称为正刃型位错，用"⊥"表示（图 6-12）；当半原子面位于该晶面下方时，称为负刃型位错，用"⊤"表示。

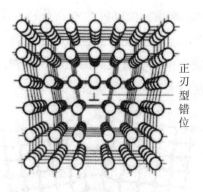

图 6-12   正刃型位错示意图

在金属晶体中，也可能出现一种原子呈螺旋形错排的线缺陷，称为螺旋位错，如图 6-13 所示。

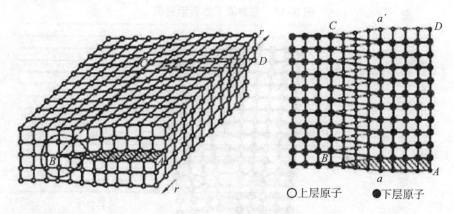

○上层原子   ●下层原子

图 6-13   螺旋位错示意图

位错线周围排列的原子被打乱排列规律后，晶格会形成严重的畸变。金属的塑性变形过程、相变过程、扩散过程、物理性能、力学性能以及化学性能都会因位错的产生而受到影响。

c. 面缺陷。面缺陷与线缺陷相反，指的是在某两个维度上有很大尺寸，在另一个维度上却只有很小尺寸的缺陷。面缺陷在金属晶体中主要表现为亚晶界、相界、晶界等。不同位向晶粒之间的过渡区就是晶界，如图 6-14 所示。原子在晶界上的排列是有一定规律的，而非无序、完全混乱的。但原子的排列会受到相邻晶粒的影响，因此在不同位向的折中位置处常有原子占据，故而出现位错密度高、晶格畸变较大、杂质原子含量较晶粒内部高的现象。晶界约有 3 个原子间距的宽度。如图 6-15 所示，亚晶界可以视为由一系列刃型位错组成的，晶界与亚晶界的一些特征比较相似。通常情况下，金属的晶粒越细，单位体积内晶界与亚晶界的面积就越大，金属也由此具有更高的强度。另外，金属的相变、塑性变形以及扩散等过程同样会在很大程度上受到晶界的影响。

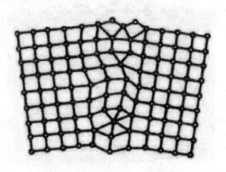

图 6-14　晶界原子排列示意图

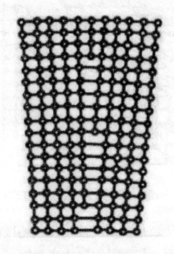

图 6-15　亚晶界位错结构示意图

金属必然存在一定的晶体缺陷，晶体的完整性因晶体缺陷而被破坏，金属在物理、化学、力学方面的性能和其多种变化过程都会在不同程度上受到晶体缺陷的影响，因此改变这些缺陷的分布与数量，已经成为提高金属性能的重要途径。但需要注意的是，晶体缺陷的存在不会使金属的晶体特质发生改变。

（3）金属的结晶。当满足一定条件时，金属可以实现其三种状态的相互转化。从现阶段的生产方法来看，应用在工程中的金属材料一般需要经历固态加工和液态加工的过程。例如，使用钢材制造机器零件时，需要经过热处理、铸锭、冶炼、锻造、轧制、机械加工等工艺过程。从生产的角度上看，金属在这一过程中发生了从液态到晶体状态的转变，该过程叫做结晶。

近代研究证明，在常态环境下为液态的金属，尤其在其温度接近凝固点时，其原子的运动状态与原子间的距离、作用力等都接近于固态金属。另外，在液态金属内部，原子在小范围、短距离内的排列与固态结构的排列规律非常接近，这说明液态金属内部存在短程有序的原子集团。但这种原子集团常常瞬间出现又瞬间消失，并不稳定。从实质上看，金属从液态向固态转变的凝固过程，就是原子从短程有序状态向长程有序状态转变的过程。立足于这一角度，金属从一种原子排列状态（晶态或非晶态）过渡为另一种原子规则排列状态（晶态）的转变过程属于结晶过程。金属从液态过渡为固态的转变称为一次结晶，金属从一种固态过渡为另一种固态的转变称为二次结晶。

①金属结晶的条件。结晶过程不是在任何情况下都能自发进行的。向小坩埚中放入少许某种纯金属，如铅；再使用坩埚炉加热小坩埚，将里面的金属转化为液态形式；然后缓慢冷却小坩埚中的液态金属，持续记录金属在冷却过程中的温度变化及对应的时间；最后将这些数据绘制成冷却曲线，如图 6-16 所示。

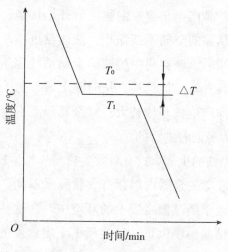

图 6-16　金属的冷却曲线

从图 6-16 可以发现，在冷却曲线中有一段水平线段，这是因为金属在结晶的过程中会释放结晶潜热。如果将该金属的理论结晶温度绘制成图，就会发现该金属的理论结晶温度比实际结晶温度略高，这种现象叫作过冷现象。理论结晶温度与实际结晶温度之间的差值叫作过冷度。

经过试验测量发现，过冷度不恒定。对同一液态状态下的金属进行冷却凝固，冷却速度越快，实际结晶温度越低，结晶时的过冷度也因此越大。金属通常是在过冷环境下完成结晶的，因此金属结晶的条件之一就是过冷。

②晶核的形成和长大。实际上，金属结晶过程就是金属原子的排列从不规则向规则过渡形成晶体的过程。因此金属从液态到固态的转变是需要一定时间才能完成的，这是一个从局部到整体、由小到大的发展转化过程，无法在瞬间完成。对结晶过程进行观察可以发现，结晶的实现离不开两个与之密切相关的基本过程：其一为一批极小的晶体先形成于液体内部，充当晶核或晶体中心的角色；其二为这些晶核体积不断增大，逐渐发展到占据所有液体。

以下为对小块金属完整结晶过程的描述。

当液体过冷度达到一定数值时，起初液体中没有产生晶核，也没有产生生长变化的晶核，这时液体处在过冷的结晶孕育阶段，正在酝酿生成晶核。经过一段时间后，有极小的晶核生成，并以一定的速度不断生长，但从总体上看，晶核的生长速度较慢。之后随着已有晶核的持续生长，又有新的晶核不断出现，结晶的速度快速提高。晶体生长到一定程度后开始接触，这时液体原本的环境逐渐被晶体占据，可结晶的空间不断缩小，液体量也不断减少，结晶速度开始变慢。又经过一段时间后，该空间中的液体金属消耗完毕，结晶结束。通过观察，生成的金属固体具有多晶体结构。从时间上看，每个晶体的结晶过程都可以划分为两个阶段，即产生核和核长大。对金属形态发生变化的整个结晶过程来说，产生核与核长大是同时进行的。

a.晶核的生成。晶核的生成方式有自发生核与外来生核。

自发生核：处于液态的金属内部存有大量原子基团，这些原子基团短程有序但尺寸不同。金属处于结晶温度以上的环境中时，这些原子基团的状态不稳定；但当温度下降至结晶温度以下，且达到了一定程度的过冷度时，液态金属达到了结晶条件，这些短程有序且超过一定尺寸的原子基团的状态逐渐稳定下来，不再消失，它们构成了晶核。这种从液态金属结构内部自发生长出晶核的现象叫作自发生核。

温度越低，意味着过冷度越大，这时液体状态的金属会获得更大的动力而转化到固体状态，短程有序的原子基团此时也可以以极小的尺寸稳定存在，因此有越来越多的自发晶核生成。

外来生核：金属的内部大多含有各种外来杂质，这些杂质对其表面形成晶核具有一定的促进作用，这种依靠杂质形成晶核的现象就是外来生核。

从有利于生核的能量条件进行分析可知，能起到生核作用的外来杂质，必须满足"大小相当"与"结构相似"这两项原则。只有杂质的结构与晶体结构非常接近或类似于金属时，才能成为外来晶核的基体，从而利于晶核的生成。另外，有一些本身晶体结构与该液态金属有很大不同的难熔杂质，因其缝隙和表面的微细凹孔中存在残留未熔金属，也可以对外来晶核的生成起到较强的促进作用。

外来生核与自发生核往往同时存在，甚至外来生核在实际金属结晶过程中发挥着比自发生核更加重要的作用，这是因为它有主导和优先的作用。

b.晶核的长大。在液态金属结晶过程中，起初会生成极小的晶核，随后晶核会逐渐长大，实质上就是原子从液体转移到固体表面的过程，这种转移较为复杂，主要涉及两种机制。

（a）二维晶核式长大机制。若生成的晶核有光洁平整的表面，则从能量条件这一角度来看，单个原子从液体向晶核表面转移和固定是困难的，很容易在转移的过程中被热流冲落。这与自发晶核相似，只有达到一定的过冷度，晶核表面附近液体中的原子才会相互连接，形成二维晶核，这是一种具有一定面积的单原子面，只有这样的单原子面才能做到在晶核表面稳定、成片地固定，并且原子只有与这种二维晶核连接，才能迅速排满整个晶核的表面，使宏观视角下的晶核不断生长。晶核的生长离不开这种二维晶核的不断扩展与层层铺贴。

（b）单原子扩散式长大机制。在各种因素的作用下，晶核从液体中生成时就难以拥有光洁平整的表面，常常会有一些小缺陷或小台阶存在于晶核表面。例如，晶核上出现螺旋位错的露头点等。从能量条件来看，这些不光洁平整的地方往往最易于原子的固定，即便是单个原子也能直接和其相连接。原子向台阶上固定会导致新的台阶不断形成，因此单个原子也可以迅速转移到晶体表面，不断扩大晶体体积。

c.晶体的长大方式。晶体的长大方式能在很大程度上影响晶体的构造、形状及其特性，因此其被视为结晶过程中的重要问题。根据不同的结晶条件，晶体主要有以下两种长大方式。

当过冷度较小时,非纯金属晶体的长大方式主要为平面式长大,即表面向前平行推移的方式。晶体长大过程遵循表面能最小的原则,且在晶面垂直长大的过程中,不同晶面的推移速度不同。这说明晶面沿不同方向长大时,有不同的长大速度,长大速度最慢的是沿原子最密面垂直方向的长大,长大速度较快的则是在非密排面上的长大。所以平面是长大的结果,原子最密面的规则形状就是晶体获得表面(图6-17)。按照这种方式长大的晶体,会在长大过程中一直保持规则的形状,而其规则的外形遭到破坏是许多晶体彼此接触导致的。

现已了解的到是,在金属实际结晶过程中,晶体平面长大方式并不常见。

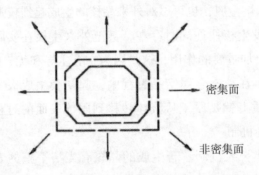

图6-17 树枝状长大方式

在过冷度过大甚至存在杂质时,金属晶体会以树枝状的形式长大。起初,晶核可以长大为形状规则、体积很小的晶体;之后,随着晶体不断长大,会有形同树干的空间骨架优先沿一定方向生长出来,这种空间骨架叫作一次晶轴。一次晶轴的不断生长会使其变粗、变长,并在侧面形成新的枝丫,枝丫不断生长,成为枝干,这就是二次晶轴。随着晶体继续长大,二次晶轴同一次晶轴一样,在自身成长的同时生长出三次晶轴,三次晶轴生长出四次晶轴……以此类推,不断生长和分支,直至消耗完所有液体,最终形成一个具有树枝形状的结晶体,也就是所谓的树枝晶。

如图6-18所示,规则的小晶核可以结晶形成树枝晶。首先,金属晶核在生长的过程中会释放潜热。这些热量部分会通过金属的热传导被传走,其余部分会通过金属液体对流被传走。可以明显发现,与表面相比,如棱边、顶角之类的晶体突出部分具有更优越的散热条件,因此其长大的速度更快,能在长大时快速深入液体中形成树枝晶。其次,晶体的棱边与顶角位置通常有较多缺陷,原子从液体中转移过来后容易固定在这些地方，对晶体的长大十分有利。最后，晶体长大成树枝状结构时的表面积最大，这为其在长大过程中从周围液态金属中获得原子提供了很大支持。综上所述，金属晶体长大方式在很大程度上取决于杂质状况、散热条件、冷却速度等多种实际因素，对这些因素进行控制，就可以控制晶体按照树枝状方式或按照其他方式长大，从而对晶体的性能、结构等进行控制。

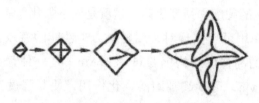

图 6-18　树枝晶形成示意图

实际金属晶体大多表现为树枝晶结构，如果在结晶过程中没有足够的液体供应，最后凝固形成的树枝晶之间会有未被填满的间隙，这就能很容易看出晶体的树枝状。例如，很多金属的铸锭表面上就总能看见树枝状的"浮雕"。

3. 合金的晶体结构和结晶

通常将合金中具有相同化学组分且组成均匀、结构相同的部分叫作相，不同的相之间存在明显界面。固态合金的相结构主要有固溶体和金属化合物两种晶体结构。

（1）固溶体。固态状态下合金与其中某一类元素有相同的晶格类型，这类元素就叫溶剂元素，其他元素叫溶质元素。由溶剂元素组成的晶格中会有溶质元素溶解在其中，由溶剂元素原子组成的晶格也不会因此发生变化，这种均匀固态相结构就叫固溶体。

根据溶剂元素原子组成的晶格中溶质元素原子不同的分布情况，可将固溶体分为间隙固溶体和置换固溶体两种类型。

①间隙固溶体，指在由溶剂元素原子组成的晶格之间的空隙位置处有溶质元素原子分布的金属晶体。存在于间隙固溶体中的溶质元素原子大多为非金属元素，且只有很小的原子半径，如 C、H、O、B、N 等。这类固溶体包括钢铁材料中的奥氏体、铁素体等。

②置换固溶体，指存在于由溶剂元素原子组成的晶格中的某些位置上的溶

剂元素的原子被金属中的溶质元素原子取代的金属晶体。其中有很多原子半径较大的金属原子在置换固溶体中充当了溶质元素原子的角色，如 Ni、Sn、Cr、Zn 等。通常情况下，为了生成置换固溶体，可向钢铁材料中加入 Cr、Mn、Ni、Si 等一些合金元素。

从力学性能上看，固溶体的硬度、强度一般较低，韧性、塑性一般较高。然而，溶质元素原子的溶入导致晶格产生了畸变，增大了固溶体的塑性变形抗力，因此它比纯金属的硬度和强度更高，这就是固溶强化作用。

通过固溶强化作用可以实现对金属材料力学性能的有效提高。例如，广泛应用于工业领域中的高强度结构钢 Q345（16Mn）是一种普通低合金，向钢中加入溶质元素原子 Mn，可以起到固溶强化作用，使其强度比普通碳素结构钢 Q235 提高 25% ～ 40%。

（2）金属化合物。金属化合物指的是结合了相当数量的金属键，且金属特征表现明显的化合物。从晶格类型上看，金属化合物与组成化合物的各组元的晶格类型有很大差距。金属化合物具有硬度高、韧性低、熔点高的性能特点，在合金中的分布状态、数量、形态和大小能在很大程度上影响合金性能。当固溶体基体上均匀分布细小的金属化合物颗粒时，能显著提高合金的耐磨性、硬度和强度，这种现象叫作弥散强化。因此在合金中，金属化合物是极其重要的强化相。

金属化合物有很多种类，电子化合物、正常价化合物、间隙化合物是常见的类型。非铁金属材料中的金属化合物主要有电子化合物与正常价化合物两大类，如黄铜（CuZn）中的 β' 相。间隙化合物是常见于硬质合金与钢合金中的金属化合物，如合金钢中的 Fe_4W_2C、$Cr_{23}C_6$、Cr_7C_3 等，碳钢中的渗碳体（Fe_3C），以及经过化学热处理后形成于钢表面的 FeB、FeN、Fe_4N 等。另外，硬质合金与合金钢中的 TiC、VC、WC 等的熔点与硬度都极高，常叫作间隙相，即复杂晶格的间隙化合物。

近代表面工程技术中，间隙相还包括利用气相沉积技术，将 TiC、TiN 等沉积在材料表面的技术。

由于三种晶格类型有不同的原子排列形式，其紧密程度也存在一定差别，因此各自中存在的空隙程度也不同。其中空隙最大的为体心立方晶格。在从面心立方晶格向体心立方晶格转变的过程中，金属的体积会变大，有些固态金属的晶格类型还会因为温度的变化而发生改变。例如，纯铁在不同温度中的晶格类型就有体心立方晶格和面心立方晶格两种。室温环境下的纯铁（α-Fe）为体心立方晶格，而 912℃至 1 394 ℃范围内的纯铁（γ-Fe）则为面心立方晶格，这两种晶格类型之间发生了金属的同素异构转变，如图 6-19 所示。金属热处理的基础就是合金或金属的同素异构转变。晶体体积会在转变时发生变化，产生较大的内应力，导致其性能也发生改变。

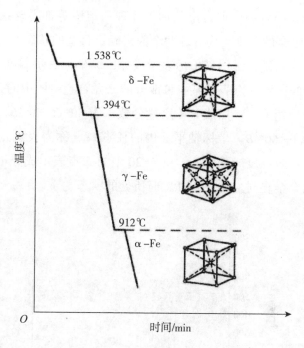

图 6-19　金属的同素异构转变

（3）合金的结晶。

这里主要介绍二元合金结晶。

①二元合金相图基本知识。二元合金系指的是由两个组元组成的合金系。二元合金系是目前研究最充分的合金系，如 Ni-Cu 系、Pb- Sb 系等。

相图是一种可以呈现合金系中合金成分间关系、合金的温度与状态的图解，即用图解的方式表示合金系在平衡条件下，不同温度和不同成分的合金所处的状态（相组成、相的成分及相对量等），因此相图也叫平衡相图或状态图。相平衡指在一定条件下的合金系中，参与结晶或相变过程的各相之间的相对量和相的浓度不再发生改变时的一种动态平衡状态。

通过相图可以对不同温度下合金系中各种成分不同的合金所达到的平衡状态进行观察，以此了解相、相的相对量与成分，以及在冷却和加热过程中合金发生的转变，并对合金性能的变化规律进行预测。因此，相图是进行金相分析、材料研究和制定热处理、铸造、热压力加工等工艺方法的有效工具与重要依据。

a. 二元合金相图的表示方法。合金的温度、成分与压力三种因素之间互相影响，可以确定合金的状态，但合金的加工处理和熔炼等都需要在常压状态下进行，所以可通过合金的温度与成分这两个因素确定合金的状态。

对二元合金系来说，常用横坐标表示成分，纵坐标表示温度，如图 6-21 所示。横坐标轴上的任意一点表示某一种成分的二元合金，图中的 A、B 两点表示组成合金的两个纯组元，C 点成分（质量分数）为 60%A+40%B，D 点成分（质量分数）为 40%A+ 60%B。坐标轴平面内的任意一点称为表象点，它表示相应成分合金在该点对应温度时的状态。图 6-20 中的 E 点表示成分（质量分数）为 60%A+ 40% B 的合金在对应温度 500 ℃时所处的状态。

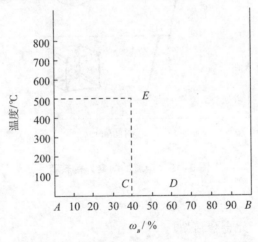

图 6-20 二元合金相图的成分及温度表示方法

b. 二元合金相图的建立。理论计算和试验测定是建立相图的两种可靠方法。计算机技术的快速发展为建立相图时的理论计算提供了很大支持，但目前使用的大部分相图都是以试验为依据建立的。合金中相的转变会使其物理或化学方面的性能随之发生变化，对这些变化进行观察与分析就能完成试验测定相图。在这一过程中，建立相图的关键是精准测定各种成分合金的临界温度（相变临界点），找出不同相存在的成分区间与温度区间。磁性测定法、热膨胀法、电阻法、金相法、X 射线结构分析法和热分析法等是测定临界点的常用方法。为了保证相图的精准性，通常需要配合使用多种方法。

c.杠杆定律。相图不仅可以用来了解和观察合金成分、温度之间的关系与合金状态，还能用来计算各相之间在某种状态下的相对量。此外，在二元合金达到两相平衡状态时，可使用杠杆定律计算两相的质量比。由于这类似于力学中的杠杆定律，因此在此处也被叫作杠杆定律。

需要明确的是，杠杆定律的导出是以两相平衡的一般原理为基础实现的，因此无论是哪种一合金系，只要相能达到平衡状态，那么就可以用杠杆定律计算两相共存时的相对量；也就是说，只能在两相平衡的范畴内使用杠杆定律。使用杠杆定律时应注意，杠杆的两个端点是两相在给定温度下的成分点，支点是合金的成分点。

②合金性能与相图间的关系。组元的成分、特性与组织对合金的性能具有决定性作用，而相图能够将合金在平衡状态下的温度、成分以及组成相或组织状态关系展示出来。因此合金性能与相图之间必然存在某种关系，可以借助相图中反映出来的变量与上述关系，对合金的工艺性能与使用性能进行预测，从而为实际生产或科研提供参考。

a.相图与合金使用性能的关系。在匀晶系合金中，单相固溶体的性能随成分的变化呈现的规律如图 6-21（a）所示。这一规律体现在固溶体的力学性能和物理性能随溶质元素的增加而变化。当溶质元素的含量增加时，合金晶体中的点缺陷增多，导致晶格畸变加剧。这种畸变的增强使得合金的强度和硬度提高，同时也影响了电阻率 ρ、电导率 σ 和电阻温度系数 α。

随着溶质质量浓度的增加，这些性能会在达到某一特定值（约 50%）时达到极值。这种现象体现了固溶体强化效应，使得单相固溶体在保持良好塑性和韧性的同时，具有比纯金属更高的强度和硬度。

共晶转变、共析转变和稳定化合物转变等在合金中形成两相混合物。这些混合物的组织细密程度直接影响合金的使用性能，如图 6-21（b）所示。在单相固溶体区域内，合金性能随成分的变化呈非线性曲线关系。而当成分变化进入双相区域时，性能变化则呈现出线性关系，其值为两个单相 α 和 β 性能的平均值。

当两个单相均匀分布且呈粗晶状态时，性能与成分之间的关系呈直线。反之，当两相为细小的共晶体或共析体时，性能与成分的关系会偏离直线，呈现出曲线中的高峰。

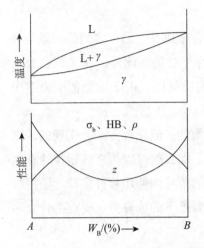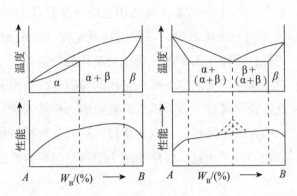

（a）固溶体合金成分与性能变化规律　　　（b）两者混合物成分与性能变化规律

图 6-21　相图与合金使用性能的关系

b.相图与合金的工艺性能的关系。相图与合金的铸造性能之间的关系如图 6-22 所示。合金的铸造性能具有缩孔、流动性、热裂倾向等表现。这些性能主要取决于结晶的成分间隔和温度间隔，间隔越大，相图中液相线与固相线之间的水平与垂直距离越大，合金的铸造性能就越差。

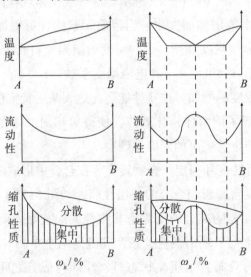

图 6-22　合金的流动性、缩孔性质与相图之间的关系

进行如锻造等压力加工时，单相固溶体往往是合金中性能较好的，这是因为单相固溶体具有变形均匀、塑性好、强度低且不易开裂的优点。而由两相混合物组成的合金，通常由于两相具备不同的塑性与强度，导致两相的界面容易在变形大时发生开裂，尤其是组织中的脆性化合物较多时，两相混合物的压力加工性能会更差。

固溶体合金没有良好的切削加工性能，因为其具有较好的塑性，在切削工作中不仅不易断开，还容易缠绕在刀具上，使零件表面变得更加粗糙，所以这类固溶体合金很难进行高速切削。而对于有两相组织的合金，由于两相不同，其中之一必然相对较脆，切屑容易脱落，因此可以进行高速切削，加工出来的零件的表面往往有较高质量。为了使钢材具备更优越的切削加工性能，人们还会在冶炼钢材时向其中添加一定量的 Bi、Pb 等元素，使钢材更容易切削，更好地完成切削加工。

借助相图还可以对合金热处理的可能性进行判断。在相图中，如果合金没有固态相变，就不能对其进行热处理强化，但组织中存在的晶内偏析等缺陷可以通过扩散退火来消除；通过一些热处理手段，如正火和重结晶退火等，可以细化为由同素异构转变的合金的晶粒；通过时效处理方法，可以对具有溶解度变化的合金实施弥散强化；为了满足不同的使用需求，可使用回火及淬火等热处理手段，对如合金钢、各种碳钢等具有共析转变的合金进行相应处理，从而得到具有不同性能的组织。

4. 非金属材料的结构

除金属材料外的几乎所有材料统称非金属材料，非金属材料包括高分子材料与陶瓷材料两大类。高分子材料包括塑料、橡胶、部分胶黏剂、合成纤维等，陶瓷材料包括耐火材料、玻璃、陶瓷器皿、水泥等。

（1）高分子材料的结构。从高分子链的空间几何形状来看，高分子材料主要有三种结构类型，分别为线型、支化型和体型。

①线型分子链指通过共价键将各链节连接成线性长链分子，长度为几百到几千纳米，但直径不足 1 纳米，如同一条长线的分子链。线型分子链一般呈线团状或卷曲状，而非直线。

②支化型分子链。这类分子链的主链两侧通过共价键与长短不一、相当数量的支链连接，有线团支链形、梳形、树枝形几种形状。其性能与结晶度在一

定程度上会受支链的影响。

③体型（交联型或网型）分子链。这类分子链介于支化型分子链与线型分子链之间，使用共价键横向连接链节，构成了相互交接连接的三维（空间）网状大分子。网状分子链的形成稳定了聚合物分子的流动状态。

（2）陶瓷材料的结构。陶瓷材料有非常复杂的组织结构，通常由玻璃相、晶相和气相三部分组成。

①玻璃相。玻璃相是一种非晶态固体。在烧结陶瓷时，杂质与各组成相发生化学反应，产生液相；在待冷却过程中，液相凝固，形成非晶态玻璃相。对陶瓷材料而言，玻璃相是其必不可少的组成相，它能黏结分散的晶相，使烧结温度降低，对晶相填充气孔与晶粒长大这两个行为有抑制作用。

玻璃相热稳定性较差、熔点低，将其放置在温度较低的环境中就能使其软化，这导致了在高温环境中陶瓷的蠕变；同时，存在于其中的一些金属离子会使陶瓷的绝缘性降低，因此在烧制工业陶瓷的过程中，需要控制和保持玻璃相的数量处于至 20% 至 40% 范围内。

②晶相。在陶瓷材料中，晶相是主要组成相，陶瓷的性能就取决于晶相。晶相通常为由共价键与离子键结合形成的混合键。以离子键为主的晶相有 MgO、CaO 等，它们属于离子晶体；以共价键为主的晶相有 SiC、$SigN$、BN 等，它们属于共价晶体。每种晶体都有其各自的晶体结构，其中硅酸盐结构与氧化物结构较常见。

大部分氧化物结构都表现为由氧离子排列构成的面心立方结构、简单立方结构、密排六方结构，晶格间隙中有金属离子分布。其中，呈面心立方结构的有 MgO、CaO，呈密排六方结构的有 Al_2O_3。

陶瓷的主要材料构成是硅酸盐，硅酸盐有较为复杂的化学组成，但均以硅氧四面体（SiO_4）为其基本构成单元；硅氧四面体由 4 个氧离子构成，其四面体的间隙处有硅离子。

陶瓷晶相中有些化合物与金属一样，可发生同素异构转变。由于不同结构的晶体具有不同密度，所以这些化合物在发生同素异构转变的同时会伴随体积变化，产生很大的内应力，导致陶瓷产品在烧结时开裂。在应用上，人们利用化合物体积变化的这一特性粉碎石英岩。

实际上，点、线、面的晶体缺陷也存在于陶瓷晶体中，这些缺陷不仅会加速陶瓷的烧结扩散过程，还会对陶瓷的性能造成影响。例如，亚晶界与晶界会对陶瓷的强度产生影响，通常晶粒越细，强度越高。大部分陶瓷具有多晶体多相的特点，因此可将晶相分为主晶相、次晶相与第三晶相等。其中主晶相对陶瓷材料的力学性能、物理性能及化学性能有决定性作用。

③气相。陶瓷孔隙中存在的气体、气孔就是气相。在生产陶瓷的过程中，气相的形成和保留不可避免，气孔率一般为 5% ~ 10%，气孔的分布越均匀、体积越小、形状越接近球形越好。气孔可以影响陶瓷的性能，它虽然会降低陶瓷强度，增大介电损耗，降低绝缘性与电击穿强度，但也能减小陶瓷密度，吸收振动。因此可在生产工业陶瓷的过程中尽可能控制气孔的形状、数量、大小、分布，以此来控制陶瓷的性能。陶瓷烧结在大多数时候要求尽可能降低气孔率，只是在有特殊要求时，如制作化工用的过滤多孔陶瓷和保温陶瓷等时，需要提高气孔率，有时甚至将气孔率提升至 60%。

6.3　工程机械材料的选择

6.3.1　材料选择的一般原则

选材时应以满足使用性能为前提，再考虑经济性、工艺性方面的要求，同时根据我国资源情况，应以国产材料为主，这就是材料选择的一般原则。

1. 材料的使用性原则

材料的使用性原则：在综合考虑对零件的寿命与功能要求和材料具有的使用性能指标之后，再进行选材。材料的使用性能指的是材料制作成工具或零件后具有的物理、化学及力学性能，它为材料的选择和应用提供了主要依据。零件要求的使用性能通常以材料的力学性能为主，是根据零件的失效形式与工作条件提出来的。

工作环境、受力状态、特殊要求是零件主要的工作条件。

2. 材料的工艺性原则

材料加工成型的难易程度是选材时主要考虑的材料工艺性能。材料的工艺性原则要求选择能顺利制成合格机械零件的工程材料。工艺性原则的内容主要有以下几点。

（1）铸造性能。铸造性能指的是能否通过铸造的方法使金属达到合格铸件的要求。一般从偏析倾向、流动性以及收缩性等方面对金属材料的铸造性能进行综合评定，偏析倾向小、收缩率低且流动性强的材料通常具有较好的铸造性能。在常用的铸造合金中，按铸造性能从好到差的次序排列，分别为铸造铜合金与铸造铝合金、铸铁、铸钢，其中灰口铸铁是各种铸铁中铸造性能最好的一种。表6-4为常见金属材料的铸造性能。

表6-4 常见金属材料的铸造性能

材料	铸造性能				其他
	流动性	收缩性		偏析倾向	
		体收缩	线收缩		
灰口铸铁	好	小	小	小	铸造内应力小
球墨铸铁	稍差	大	小	小	易形成缩孔、缩松，白口化倾向小
铸钢	差	大	大	大	导热性差，易发生冷裂
铸造黄铜	好	小	较小	较小	易形成集中缩孔
铸造铝合金	尚好	小	小	较大	易吸气、易氧化

（2）焊接性能。在一定焊接条件下，材料获得优质焊接接头的难易程度可以用焊接性能来表示。焊接性能指标包括焊缝处脆性、形成裂纹与气孔的倾向、焊接接头的力学性能这几项指标。低合金结构钢、低碳钢的焊接性能都比较良好。相比之下，中碳钢的焊接性能较差。由于碳的质量分数大，含碳的铸铁在焊接过程中有较大的裂纹形成倾向，焊缝处容易产生白口组织。铝合金与铜合金都具有较高的导热性能，焊接时也有较大的产生裂纹的倾向和容易产生气孔、氧化等缺陷，不具备良好的焊接性能，因此常采用氩弧焊工艺对其实施焊接工作。

（3）压力加工性能。冷冲压性能、锻造性能等是主要的压力加工性能，一般用材料的变形抗力与塑性来衡量。材料的变形抗力越小，则变形越容易，固态下金属的流动越易于实现，模腔越易于填充，越不易产生缺陷；材料塑性越高，具有的成型性越好，经压力加工后，零件表面质量越高，且越不易产生裂纹。在压力加工性能上，纯金属比合金强，低碳钢比高碳钢强，单相固溶体比多相合金强，非合金钢比合金钢强。

（4）切削加工性能。材料经切削加工制成合格工件的难易程度可用切削加工性能来表示。评价材料的切削加工性能通常从零件表面粗糙度、刀具磨损量、切削抗力、断屑能力、切削速度等方面进行衡量。切削加工性能较好的材料主要有铜合金、易切削钢、镁合金、铝合金，其次为铸铁与碳钢；切削性能较差的材料有奥氏体不锈钢、高温合金、钛合金等。表 6-5 为常见材料的可加工性能的比较结果。

表 6-5　常见材料的可加工性能的比较

代表材料	切削加工性能	相对加工性 K_v	切削加工性等级
铝、镁合金	很容易加工	8～20	1
易切削钢	易加工	2.5～3.0	2
正火 30 钢	易加工	1.6～2.5	3
45 钢、灰铸铁	一般	1.0～1.5	4
85 钢（轧材）、2Crl3 调质钢	一般	0.7～0.9	5
65Mn 调质钢、易切削不锈钢	难加工	0.5～0.65	6
1Crl8Ni9Ti、W18Cr4V 钢	难加工	0.15～0.5	7
耐热合金、钴合金	难加工	0.04～0.14	8

相对可加工性 K_v 是指材料的刀具耐用度为 60 min 时的切削速度 V_{60} 与抗拉强度为 600 MPa 的 45 钢的 V_{60} 的比值。

（5）热处理工艺性能。热处理工艺性能可以反映材料的氧化脱碳倾向、变形开裂倾向、回火稳定性、淬透性、回火脆性、过热敏感性、淬硬性等。选择材料时应综合考虑零件的热处理工艺与要求。例如，在冷却条件与零件结构形状一定时，含碳量高的碳钢比含碳量低的碳钢在淬火后开裂与变形的倾向更大。

而在对碳钢进行淬火时，通常需要进行急冷处理；当其他条件都相同时，含碳量较高的碳钢比合金钢有更大的开裂与变形倾向，选材时应充分考虑这一因素。

在某些情况下，材料的工艺性能甚至对选材具有主导作用。例如，制造汽车发动机箱体时，对材料的力学性能通常不做太高要求，很多金属材料都能达到制作要求，但由于箱体内腔有复杂的结构，只能使用铸件制造毛坯；综合经济性与便捷性铸造的要求使用具有优越铸造性能的材料，如铸造铝合金或铸铁等，铸成合格的箱体。

3.材料的经济性原则

材料的经济性原则指材料的选择应满足这一条件：零件从加工成型到投入生产和使用消耗的总成本最低，且能获得最好的经济效益。这一原则要求材料的选择能满足货源供应充足、成本较低、成品率较高、加工工艺较简单等条件。通常情况下，当零件使用性能满足相关要求时，能用硅锰钢时不用铬镍钢，能用碳素钢时不用合金钢。

需要注意的是，在材料的选择上，不能对零件的制造成本与消耗材料的费用做出过于片面的强调。因为零件使用过程中产生的经济效益问题也是评定机器零件经济效益时需要考虑的。其中涉及的经济效益问题主要包括以下内容：使用某种机器零件时，零件失效也不会导致机械设备发生破损事故且拆卸更换较为方便；由于对零件有较大的需用量，通常希望零件有较低的制造成本或售价；一些机器零件的质量能影响整台机器的使用寿命，如高速柴油机的连杆、曲轴等，一旦该零件失效，就会导致整台机器损坏，而为了使这类零件具有更长的使用寿命，就必须使用制造成本较高、质量较好的材料，从整体上看，这一做法符合经济性要求。

6.3.2　材料选择的方法与步骤

1.材料选择的方法

选择制造零件的材料时，应先对零件的具体服役条件有所了解。如果为新设计的关键零件选择材料，应先进行相关力学性能试验；如果为一般常用零件，如齿轮、轴类零件等选材，那么可以将国内外同类产品的失效分析报告与零件生产应用的相关资料作为参考。按照力学性能进行选材时，有以下三种具体方法。

（1）以综合力学性能为主。当零件的生产与应用需要材料有优越的综合力学性能，即需要使用疲劳极限与强度极限都较高、韧性与塑性都较好的材料时，常选择中碳合金钢或中碳钢，使用时需对其进行调质处理或正火处理，其中40Cr 钢和 45 钢比较常见。

（2）以疲劳强度为主。如齿轮、传动轴等需要有较高疲劳强度的零件，通常容易因为截面上受力不均而产生疲劳裂纹，这类零件在制造前选材时应重点考虑材料的综合力学性能，尤其是抗疲劳性能。一般情况下，材料的强度越高，其所具备的疲劳强度也越高，因此可以适当提高材料的强度。正火与退火组织材料的疲劳强度一般不如调质处理后的组织材料。

对材料进行表面处理能有效提高材料的疲劳强度。例如，以表面淬火的方式处理调质钢，以渗氮的方式处理渗氮钢，以渗碳淬火的方式处理渗碳钢，或者以喷丸处理的方式加工零件表面等，都能达到提高材料疲劳强度的效果。这些方法不仅能有效提高材料的表面硬度，还能使零件表面获得残余压应力，压应力能与零件在工作过程中产生的拉应力相互抵消，从而提高疲劳强度。

（3）以磨损为主。选材制作以磨损为主的零件时，应综合考虑材料摩擦时产生的接触应力、润滑条件、磨损量、相对速度、摩擦幅度等，根据不同的零件工作条件对材料进行合理选择。

①工作条件为受力较小、冲击载荷较小但摩擦较为剧烈的零件，如量具、顶尖、钻套等，通常对其韧性与塑性没有太高要求，因此可选用高碳合金钢或高碳钢对其进行淬火和低温回火处理，制成硬度较高的回火马氏体，同时产生碳化物组织，以此满足使用要求。

②工作条件为同时承受交变载荷、磨损和一定冲击载荷的零件，一般要求材料表面具有较高的耐磨性、强度、韧性、塑性。材料本身应具有较为优越的综合力学性能，更要能通过表面热处理等强化方法提高其表面的耐磨性。

③工作条件为摩擦系数要求较小的零件，如轴套、轴承等，可使用工程塑料、减磨铸铁、轴承合金等材料来制造。

（4）以特殊性能为主。对于一些工作条件比较特殊的零件，应以材料的特殊性能为主要考虑条件，如要求零件能承受较大载荷和承受高温工作环境时，可选用高温合金或热强钢；对零件的受力没有较高要求时，可选择耐热铸铁；要求零件能在腐蚀性介质中工作时，应重点考虑材料在对应介质中的耐蚀能力。

2.材料选择的步骤

可根据以下步骤对材料进行合理选择。

（1）对零件的失效形式与工作条件进行分析，了解零件对材料的主要性能要求。

（2）调研同类产品的材料选用情况，并从多个方面着手对其进行综合的分析评价。

（3）查阅有关设计手册，通过相应的计算确定零件应有的各种性能指标。

（4）初步选择具体的零件牌号，并决定热处理工艺和其他强化方法。

（5）对所选材料的经济性进行审核，确认该材料是否可以满足高效加工的要求，并能实现现代化生产。

（6）根据试验结果，最终确定材料和热处理工艺。

3.材料优化设计的意义与方法

在工程机械领域，材料选择具有重要的意义，这关乎设备的耐用性、性能和工作效率。所选用的材料需要根据设备的具体用途和工作环境来确定。例如，一些设备需要具有良好的抗腐蚀性，因此可能会选择不锈钢或其他防腐材料；而一些设备在高温环境中工作，就需要使用能够耐受高温的材料，如高温合金；还有一些设备可能需要在极度的压力或者重负载下工作，那么所选择的材料就需要具有高强度和良好的韧性。因此设计师需要深入了解各种材料的性质，包括机械性能、化学性能、热性能等。

材料的处理也是工程机械设计过程中的关键环节。一种常见的材料处理方法就是热处理，包括淬火、回火、退火等，它可以改变材料的内部结构从而提高其性能。另一种常用的材料处理方法是表面处理，包括电镀、喷涂、热浸镀等，它可以提高材料的耐腐蚀性、耐磨性等。这些处理方法，不仅可以提高材料的性能，还可以延长其使用寿命。

设计优化是根据选定的材料和其性能来进行的。设计师需要充分考虑材料的特性，使设计在最大程度上适应这些特性。例如，某种材料虽然硬度高、耐磨性强，但韧性差，设计时就应该尽量避免将这种材料用在承受冲击载荷的部分。此外，减少使用不必要的材料不仅可以减轻设备的质量，提高运行效率，还可以节约成本。

在整个工程机械设计过程中，材料测试和反馈也是非常重要的。设计师需要对所使用的材料进行各种测试，如强度测试、耐腐蚀性测试、耐热性测试等，以确保材料满足设计要求。同时，测试的结果可以提供宝贵的反馈，以帮助设计师进行必要的设计修改和材料调整。这是一个持续的过程，随着材料科学和工程技术的进步，人们可以不断地测试和应用新材料，以提高设备的性能和可靠性。

　　由上述讨论可以看出，工程机械材料的优化设计是涉及多个环节的复杂过程。设计师需要深入理解材料科学，熟悉各种材料的处理方法，善于根据材料性能进行设计优化，并懂得如何利用材料测试和反馈来改进设计。这不仅需要设计师有丰富的知识和技能，还需要设计师不断实践和学习。只有这样，设计师才能设计出性能优越、耐用可靠的工程机械设备，以满足各种复杂和严苛的工作条件。

参考文献

[1] 樊百林，蒋克铸，杨光辉. 现代工程机械设计基础 [M]. 武汉：华中科技大学出版社，2020.

[2] 郑夕健，谢正义，侯祥林. 工程机械钢结构 [M]. 沈阳：东北大学出版社，2017.

[3] 李川，张美霞. 土木工程机械 [M]. 武汉：中国地质大学出版社，2019.

[4] 管会生. 土木工程机械 [M]. 成都：西南交通大学出版社，2018.

[5] 周永春，刘夏伦，谢河斌. 工程机械概论 [M]. 成都：西南交通大学出版社，2014.

[6] 邓扬，陶艳红，谭湘龙，等. 基于有限元分析的工程机械工业设计创新研究 [J]. 建设机械技术与管理，2022（4）：65-68.

[7] 蔡啟超. 工程机械设计中轻量化技术的应用研究 [J]. 中国设备工程，2022（15）：225-227.

[8] 张伟，张睿瑞，朱春潮，等. 基于智能化趋势的工程机械界面设计研究 [J]. 包装工程，2021，42（24）：389-393，400.

[9] 谭云月. 基于 5G 技术的工程机械远程控制的系统设计 [J]. 物联网技术，2021（11）：44-45，48.

[10] 曲春燕. 基于智能理论的工程机械施工一体化若干技术研发 [D]. 济南：山东大学，2021.

[11] 司庆飞. 工程机械自动化中节能设计理念的应用 [J]. 河北农机，2021（2）：48-49.

[12] 吴雪松. 工程机械的绿色设计与制造 [J]. 世界有色金属，2021（1）：130-131.

[13] 张玉玲，李怀洋，李亚朋，等. 基于模糊理论的工程机械液压系统故障模式分析 [J]. 工程机械与维修，2020（增刊 1）：71-73.

[14] 张仕平. 工程机械的绿色设计与制造分析 [J]. 建材与装饰，2020（15）：58-59.

[15] 颜胡. 工程机械工业设计知识库构建研究 [D]. 长沙：湖南大学，2020.

[16] 谌兵钿. 公路工程机械设计制造及其自动化发展方向 [J]. 数码世界，2019（9）：265.

[17] 白云龙，杨开欣，郭谨玮，等. 嵌入式工程机械远程监控系统设计与实现 [J].

无线互联科技，2019（15）：33–34.

[18] 胡洪铭. 节能环保下工程机械自动化控制系统的设计与应用研究 [J]. 科技风，2019（21）：154.

[19] 曹登峰. 工程机械的发展与其现代设计方法 [J]. 智能城市，2019，5（12）：193–194.

[20] 崔杨，李庶. 工程机械情感化设计分析 [J]. 中小企业管理与科技，2019（5）：59–60.

[21] 陈超超. 工程机械电传动试验台结构设计与性能试验分析 [D]. 西安：长安大学，2019.

[22] 王成林. 工程机械电气系统设计及故障研究 [J]. 山东工业技术，2019（7）：14.

[23] 白暖. 工业设计中的工程机械产品外观造型设计研究 [J]. 艺术科技，2019（2）：219.

[24] 马义飞，王涛，田从丰，等. 大型工程机械总装生产线智能化系统软件设计 [J]. 信息技术与信息化，2018（12）：76–79.

[25] 李超宇. 现代设计方法在工程机械专业教学中的运用 [J]. 时代农机，2018，45（10）：178.

[26] 车正香. 工程机械液压行走系统的设计及理论研究 [J]. 内燃机与配件，2018（15）：97–98.

[27] 主雷. 水性漆在工程机械涂装工艺设计中的应用探讨 [J]. 当代化工研究，2018（1）：95–96.

[28] 陈旭锋. 面向再制造的工程机械关键零部件等寿命设计 [D]. 西安：长安大学，2018.

[29] 宋俊华. 试论工程机械产品设计中的节能与环保 [J]. 中国设备工程，2017（20）：141–142.

[30] 陆顺兴. 工程机械自动化中节能设计理念的应用 [J]. 居业，2017（8）：54–55.

[31] 李凌云. 工程机械液力变矩器现代设计方法及应用 [J]. 现代职业教育，2017（22）：144.

[32] 张大斌，刘祖国. 工程机械体系教学与课程设计研究 [J]. 当代教育实践与教学研究，2017（7）：72.

[33] 蒋婷. 基于物联网技术的工程机械监控系统设计 [J]. 数码世界，2017（8）：191.

[34] 王勇. 棒材轧钢工程机械设备设计改造 [J]. 中国设备工程，2017（14）：80–81.

[35] 孙晓飞，李明明，邓宁.探究工程机械变速箱生产线的规划设计 [J].科技风，2017（13）：163.

[36] 刘勺华，邵亭亭，宋坤.工程机械液压实训台设计与制作研究 [J].装备制造技术，2017（7）：109-110，126.

[37] 张银亮.高原型工程机械冷却系统的研究与优化设计 [D].厦门：厦门大学，2017.

[38] 窦志远，曾瑞倩.在工程机械结构设计中结构仿生学的应用研究 [J].山东工业技术，2017（1）：101.

[39] 于博文.工程机械可靠性数据管理系统设计 [D].南京：南京理工大学，2017.

[40] 王军，王海花，祖炳洁，等."工程机械设计"课程教学改革与实践 [J].教育教学论坛，2016（18）：89-90.

[41] 何剑.工程机械的绿色设计与制造探析 [J].四川水泥，2015（9）：172.

[42] 何伟，韩建英.TRIZ 理论在工程机械企业中应用的探索 [J].企业技术开发，2013，32（25）：78-79.

[43] 潘宇晨.多自由度可控机构式新型工程机械设计理论与方法研究 [D].南宁：广西大学，2013.

[44] 吴洪昌，黄文彬.浅谈工程机械维修的理论与实践要求 [J].机电信息，2012（27）：168-169.

[45] 刘凤丽.环保节能型工程机械设计与趋势 [J].中国科技财富，2008（10）：110.

[46] 李丹，韦小娟.工程机械设计中人机工程学的应用 [J].煤炭科技，2008（2）：56-57.

[47] 刘平，何永荣.虚拟技术在建筑工程机械设计中的应用 [J].建设机械技术与管理，2007（11）：104-107.

[48] 洪涛.工程机械自动变速理论与控制系统研究 [D].上海：同济大学，2007.

[49] 林晓通，王宁生，黄卫.基于模糊理论的工程机械设备标书的综合评判 [J].工程机械，2002，33（8）：28-30.

[50] 王金诺，赵永翔，程文明.现代设计理论与方法在起重运输机械中的应用和展望 [J].起重运输机械，1997（2）：3-9.

[51] 黄洪钟.工程机械的现代设计理论与方法 [J].建筑机械，1990（7）：24-27.

[52] 陈以纲.成组技术在工程机械设计中的应用 [J].建筑机械，1989（5）：16-20.

[53] 路长江.浅谈可靠性理论及其在工程机械中的应用 [J].太原重型机械学院学报，1982（2）：77-90.